国家出版基金资助项目
现代数学中的著名定理纵横谈丛书
丛书主编 王梓坤

CAUCHY FUNCTIONAL EQUATION

Cauchy 函数方程

刘培杰数学工作室 编著

哈尔滨工业大学出版社
HARBIN INSTITUTE OF TECHNOLOGY PRESS

内 容 简 介

本书主要讲授了柯西函数方程,及由此衍生的诸多问题.本书透过柯西函数方程,向读者勾勒出柯西函数方程的发展历程及相关理论,展示了函数方程在数学思想中的重要性.

本书适合于大学师生以及数学爱好者参考阅读.

图书在版编目(CIP)数据

Cauchy 函数方程/刘培杰数学工作室编著. ——哈尔滨:哈尔滨工业大学出版社,2017.6
(现代数学中的著名定理纵横谈丛书)
ISBN 978-7-5603-6650-0

Ⅰ.①C… Ⅱ.①刘… Ⅲ.①柯西—黎曼方程 Ⅳ.①O175.25

中国版本图书馆 CIP 数据核字(2017)第 108832 号

策划编辑	刘培杰 张永芹
责任编辑	张永芹 杜莹雪
封面设计	孙茵艾
出版发行	哈尔滨工业大学出版社
社　　址	哈尔滨市南岗区复华四道街 10 号　邮编 150006
传　　真	0451—86414749
网　　址	http://hitpress.hit.edu.cn
印　　刷	黑龙江艺德印刷有限责任公司
开　　本	787mm×960mm　1/16　印张 12.75　字数 131 千字
版　　次	2017 年 6 月第 1 版　2017 年 6 月第 1 次印刷
书　　号	ISBN 978-7-5603-6650-0
定　　价	68.00 元

(如因印装质量问题影响阅读,我社负责调换)

⊙ 代 序

读书的乐趣

你最喜爱什么——书籍.
你经常去哪里——书店.
你最大的乐趣是什么——读书.

这是友人提出的问题和我的回答.真的,我这一辈子算是和书籍,特别是好书结下了不解之缘.有人说,读书要费那么大的劲,又发不了财,读它做什么?我却至今不悔,不仅不悔,反而情趣越来越浓.想当年,我也曾爱打球,也曾爱下棋,对操琴也有兴趣,还登台伴奏过.但后来却都一一断交,"终身不复鼓琴".那原因便是怕花费时间,玩物丧志,误了我的大事——求学.这当然过激了一些.剩下来唯有读书一事,自幼至今,无日少废,谓之书痴也可,谓之书橱也可,管它呢,人各有志,不可相强.我的一生大志,便是教书,而当教师,不多读书是不行的.

读好书是一种乐趣,一种情操;一种向全世界古往今来的伟人和名人求教的方法,一种和他们展开讨论的方式;一封出席各种活动、体验各种生活、结识各种人物的邀请信;一张迈进科学宫殿和未知世界的入场券;一股改造自己、丰富自己的强大力量.书籍是全人类有史以来共同创造的财富,是永不枯竭的智慧的源泉.失意时读书,可以使人重整旗鼓;得意时读书,可以使人头脑清醒;疑难时读书,可以得到解答或启示;年轻人读书,可明奋进之道;年老人读书,能知健神之理.浩浩乎!洋洋乎!如临大海,或波涛汹涌,或清风微拂,取之不尽,用之不竭.吾于读书,无疑义矣,三日不读,则头脑麻木,心摇摇无主.

潜能需要激发

我和书籍结缘,开始于一次非常偶然的机会.大概是八九岁吧,家里穷得揭不开锅,我每天从早到晚都要去田园里帮工.一天,偶然从旧木柜阴湿的角落里,找到一本蜡光纸的小书,自然很破了.屋内光线暗淡,又是黄昏时分,只好拿到大门外去看.封面已经脱落,扉页上写的是《薛仁贵征东》.管它呢,且往下看.第一回的标题已忘记,只是那首开卷诗不知为什么至今仍记忆犹新:

日出遥遥一点红,飘飘四海影无踪.

三岁孩童千两价,保主跨海去征东.

第一句指山东,二、三两句分别点出薛仁贵(雪、人贵).那时识字很少,半看半猜,居然引起了我极大的兴趣,同时也教我认识了许多生字.这是我有生以来独立看的第一本书.尝到甜头以后,我便千方百计去找书,向小朋友借,到亲友家找,居然断断续续看了《薛丁山征西》《彭公案》《二度梅》等,樊梨花便成了我心中的女英雄.我真入迷了.从此,放牛也罢,车水也罢,我总要带一本书,还练出了边走田间小路边读书的本领,读得津津有味,不知人间别有他事.

当我们安静下来回想往事时,往往会发现一些偶然的小事却影响了自己的一生.如果不是找到那本《薛仁贵征东》,我的好学心也许激发不起来.我这一生,也许会走另一条路.人的潜能,好比一座汽油库,星星之火,可以使它雷声隆隆、光照天地;但若少了这粒火星,它便会成为一潭死水,永归沉寂.

抄,总抄得起

好不容易上了中学,做完功课还有点时间,便常光顾图书馆.好书借了实在舍不得还,但买不到也买不起,便下决心动手抄书.抄,总抄得起.我抄过林语堂写的《高级英文法》,抄过英文的《英文典大全》,还抄过《孙子兵法》,这本书实在爱得狠了,竟一口气抄了两份.人们虽知抄书之苦,未知抄书之益,抄完毫末俱见,一览无余,胜读十遍.

始于精于一,返于精于博

关于康有为的教学法,他的弟子梁启超说:"康先生之教,专标专精、涉猎二条,无专精则不能成,无涉猎则不能通也."可见康有为强烈要求学生把专精和广博(即"涉猎")相结合.

在先后次序上,我认为要从精于一开始.首先应集中精力学好专业,并在专业的科研中做出成绩,然后逐步扩大领域,力求多方面的精.年轻时,我曾精读杜布(J. L. Doob)的《随机过程论》,哈尔莫斯(P. R. Halmos)的《测度论》等世界数学名著,使我终身受益.简言之,即"始于精于一,返于精于博".正如中国革命一样,必须先有一块根据地,站稳后再开创几块,最后连成一片.

丰富我文采,澡雪我精神

辛苦了一周,人相当疲劳了,每到星期六,我便到旧书店走走,这已成为生活中的一部分,多年如此.一次,偶然看到一套《纲鉴易知录》,编者之一便是选编《古文观止》的吴楚材.这部书提纲挈领地讲中国历史,上自盘古氏,直到明末,记事简明,文字古雅,又富于故事性,便把这部书从头到尾读了一遍.从此启发了我读史书的兴趣.

我爱读中国的古典小说,例如《三国演义》和《东周列国志》.我常对人说,这两部书简直是世界上政治阴谋诡计大全.即以近年来极时髦的人质问题(伊朗人质、劫机人质等),这些书中早就有了,秦始皇的父亲便是受害者,堪称"人质之父".

《庄子》超尘绝俗,不屑于名利.其中"秋水""解牛"诸篇,诚绝唱也.《论语》束身严谨,勇于面世,"己所不欲,勿施于人",有长者之风.司马迁的《报任少卿书》,读之我心两伤,既伤少卿,又伤司马;我不知道少卿是否收到这封信,希望有人做点研究.我也爱读鲁迅的杂文,果戈理、梅里美的小说.我非常敬重文天祥、秋瑾的人品,常记他们的诗句:"人生自古谁无死,留取丹心照汗青""休言女子非英物,夜夜龙泉壁上鸣".唐诗、宋词、《西厢记》《牡丹亭》,丰富我文采,澡雪我精神,其中精粹,实是人间神品.

读了邓拓的《燕山夜话》,既叹服其广博,也使我动了写《科学发现纵横谈》的心.不料这本小册子竟给我招来了上千封鼓励信.以后人们便写出了许许多多的"纵横谈".

从学生时代起,我就喜读方法论方面的论著.我想,做什么事情都要讲究方法,追求效率、效果和效益,方法好能事半而功倍.我很留心一些著名科学家、文学家写的心得体会和经验.我曾惊讶为什么巴尔扎克在51年短短的一生中能写出上百本书,并从他的传记中去寻找答案.文史哲和科学的海洋无边无际,先哲们的明智之光沐浴着人们的心灵,我衷心感谢他们的恩惠.

读书的另一面

以上我谈了读书的好处,现在要回过头来说说事情的另一面.

读书要选择.世上有各种各样的书:有的不值一看,有的只值看20分钟,有的可看5年,有的可保存一辈子,有的将永远不朽.即使是不朽的超级名著,由于我们的精力与时间有限,也必须加以选择.决不要看坏书,对一般书,要学会速读.

读书要多思考.应该想想,作者说得对吗?完全吗?适合今天的情况吗?从书本中迅速获得效果的好办法是有的放矢地读书,带着问题去读,或偏重某一方面去读.这时我们的思维处于主动寻找的地位,就像猎人追找猎物一样主动,很快就能找到答案,或者发现书中的问题.

有的书浏览即止,有的要读出声来,有的要心头记住,有的要笔头记录.对重要的专业书或名著,要勤做笔记,"不动笔墨不读书".动脑加动手,手脑并用,既可加深理解,又可避忘备查,特别是自己的灵感,更要及时抓住.清代章学诚在《文史通义》中说:"札记之功必不可少,如不札记,则无穷妙绪如雨珠落大海矣."

许多大事业、大作品,都是长期积累和短期突击相结合的产物.涓涓不息,将成江河;无此涓涓,何来江河?

爱好读书是许多伟人的共同特性,不仅学者专家如此,一些大政治家、大军事家也如此.曹操、康熙、拿破仑、毛泽东都是手不释卷,嗜书如命的人.他们的巨大成就与毕生刻苦自学密切相关.

王梓坤

目录

第1章 柯西(Cauchy)方程问题 //1

§0 引言 //1

§1 一道大学生数学竞赛试题改编的问题 //11

§2 可化归为柯西方程的试题 //15

§3 极限方法 //28

§4 积分方法 //32

§5 应用代数基本定理法 //35

§6 柯西方程的一个应用 //36

§7 单墫教授给出的一个应用 //39

第2章 怎样研究大学自主招生考试 //41

§1 函数方程问题 //41

§2 关于函数方程 $f(x+y) = f(x)+f(y)$ //70

§3 函数(矩阵)方程,函数(矩阵)积分方程 //78

第3章 柯西评传 //86

第4章 若干有关函数方程的其他问题 //96

  §1 多项式方程 //96
  §2 幂级数方法 //99
  §3 涉及算数函数的方程 //101
  §4 一个利用特殊群的方程 //106

附录Ⅰ 实数集的连续性——极限理论中的一些基本定理 //109

附录Ⅱ 用函数方程定义初等函数 //128

附录Ⅲ 柯西的数学贡献 //141

  §1 数学分析严格化的开拓者 //146
  §2 复变函数论的奠基人 //153
  §3 弹性力学理论基础的建立者 //157
  §4 多产的科学家 //161
  §5 复杂的人 //170

文献 //174

编辑手记 //177

柯西(Cauchy)方程问题

第 1 章

§0 引 言

一道2014年北约自主招生试题的背景及推广.

试题 已知函数满足
$$f\left(\frac{x+2y}{3}\right)=\frac{f(x)+2f(y)}{3}$$
$$(\forall x,y \in \mathbf{R})$$
且 $f(1)=1, f(4)=7$,求 $f(2\,014)$.

这道试题的命制背景是柯西方程问题,作为自主招生试题,主要考查中学生对已知条件的处理及其应用,这道题应优先考虑运用给定的初始值,求出 $f(2),f(3),f(5)$ 等值,然后找规律,猜想出 $f(n)=2n-1$,再用数学归纳法证明.若考生对柯西方程比较了解,本题可以直接猜测 $f(n)=an+b$

1

Cauchy 函数方程

的形式,从而顺利得到答案.

形如 $f(x+y)=f(x)+f(y)$ 的方程被称为柯西方程. 如果我们将函数限制在多项式范围,即多项式函数 $f(x)$ 满足 $f(a+b)=f(a)+f(b)$(a,b 为任意数),则 $f(x)=cx$,c 是常数. 以柯西方程为背景命制的试题,在近几年的高校自主招生及高考试题中频频出现,有兴趣的读者可以去研究.

本题可推广为:设 $f(x)$ 是 **R** 上的连续函数,对于常数 m,n 且满足 $m+n=1$,$\forall x,y \in \mathbf{R}$,有等式
$$f(mx+ny)=mf(x)+nf(y) \quad ①$$
那么 $f(x)$ 是一个线性函数.

证明 令 $y=0$,式 ① 为
$$f(mx)=mf(x)+nf(0) \quad ②$$
同样令 $x=0$,有
$$f(ny)=mf(0)+nf(y) \quad ③$$
再令 x 为 $\dfrac{x}{m}$,y 为 $\dfrac{y}{n}$,分别代入式 ①,②,③,则有
$$f(x+y)=mf\left(\dfrac{x}{m}\right)+nf\left(\dfrac{y}{n}\right)$$
$$=f(x)-nf(0)+f(y)-mf(0)$$
$$=f(x)+f(y)-f(0)$$
即
$$f(x+y)-f(0)=[f(x)-f(0)]+[f(y)-f(0)]$$
记 $g(x)=f(x)-f(0)$,有 $g(x+y)=g(x)+g(y)$,从而证明了 $f(x)$ 是一个线性函数.

本题若设 $f(n)=an+b$,根据 $f(1)=1$,$f(4)=7$,即可求得 $f(n)=2n-1$,因此 $f(2\,014)=4\,027$.

广东省兴宁市职业技术学校的何斌老师 2015 年

第1章 柯西(Cauchy)方程问题

给出如下解法.①

解 在题设条件中分别令 $x=3a, y=0$ 与 $x=0$, $y=\dfrac{3}{2}b$,得

$$f(a)=\dfrac{f(3a)+2f(0)}{3}$$

$$f(b)=\dfrac{f(0)+2f\left(\dfrac{3}{2}b\right)}{3}$$

于是

$$f(3a)=3f(a)-2f(0)$$

$$f\left(\dfrac{3}{2}b\right)=\dfrac{3f(b)-f(0)}{2}$$

又在题设条件中令 $x=3a, y=\dfrac{3b}{2}$ 得

$$f(a+b)=\dfrac{f(3a)+2f\left(\dfrac{3b}{2}\right)}{3}$$

$$=f(a)+f(b)-f(0)$$

即

$$f(a+b)-f(0)=f(a)-f(0)+f(b)-f(0)$$

又令 $g(a)=f(a)-f(0)$,则

$$g(a+b)=g(a)+g(b)$$

$$g(1)=f(1)-f(0)=1-f(0)$$

容易用数学归纳法证明:当 $n\in \mathbf{N}_+$ 时,有

$$g(n)=ng(1)=n[1-f(0)]$$

于是 $g(4)=4[1-f(0)]$. 又因为 $g(4)=f(4)-f(0)=7-f(0)$,则

---

① 本解法刊登于《中学数学研究》2015年第7期(上).

$$4[1-f(0)]=7-f(0)$$
$$f(0)=-1$$
$$g(n)=n[1-f(0)]=2n$$

所以 $f(n)=2n-1, n\in \mathbf{N}_+$. 于是 $f(2\ 014)=2\times 2\ 014-1=4\ 027$.

由以上推导过程知,条件 $f\left(\dfrac{x+2y}{3}\right)=\dfrac{f(x)+2f(y)}{3}$ 等价于方程 $g(a+b)=g(a)+g(b)$,其中 $g(a)=f(a)-f(0)$.

这正是柯西方程,此方法称为柯西法.

柯西法:设 $f(x)$ 是定义在 $\mathbf{R}$ 上的单调(或连续)函数,且对任意的 $x,y\in \mathbf{R}$,都有 $f(x+y)=f(x)+f(y)$,则 $f(x)=f(1)x$.

证明 令 $x=y=0$,则 $f(0)=0$.由题设条件,对任意的正整数 n,有 $f(n+1)=f(n)+f(1), n\in \mathbf{N}_+$,于是 $f(n)=f(1)n, n\in \mathbf{N}_+$.

又令 $x=n, y=-n, n\in \mathbf{N}_+$,则
$$f(0)=f(n)+f(-n)$$
于是 $f(-n)=-f(1)n, n\in \mathbf{N}_+$.所以,对任意的 $n\in \mathbf{Z}$,都有 $f(n)=f(1)n$.

对任意的有理数 $\dfrac{q}{p}, q\in \mathbf{Z}, p\in \mathbf{N}_+$,有
$$f(1)q=f(q)=\underbrace{f\left(\dfrac{q}{p}\right)+f\left(\dfrac{q}{p}\right)+\cdots+f\left(\dfrac{q}{p}\right)}_{p\text{个}}=pf\left(\dfrac{q}{p}\right)$$

于是
$$f\left(\dfrac{q}{p}\right)=f(1)\cdot \dfrac{q}{p}$$

所以对任意的 $x\in \mathbf{Q}$,都有 $f(x)=f(1)x$.

第1章 柯西(Cauchy)方程问题

当 $x \in \mathbf{R}$ 时,构造 $\{x_n\}$ 满足 $\lim\limits_{n\to\infty} x_n = x$,$x_n \in \mathbf{Q}$,则 $f(x) = f(\lim\limits_{n\to\infty} x_n) = \lim\limits_{n\to\infty} f(x_n) = \lim\limits_{n\to\infty} f(1)x_n = f(1)x$.

综上所述,对任意的 $x \in \mathbf{R}$,都有 $f(x) = f(1)x$.

为了进一步了解柯西法在解题中的应用,笔者再举几道自主招生和数学竞赛题.

例1 (2014年全国高中数学联赛辽宁省预赛)函数 $f(x)$ 的定义域为实数集 $\mathbf{R}$,已知 $x > 0$ 时,$f(x) > 0$,并且对任意 $m, n \in \mathbf{R}$,都有 $f(m+n) = f(m) + f(n)$.

(1) 讨论函数 $f(x)$ 的奇偶性以及单调性;

(2) 设集合

$A = \{(x,y) \mid f(3x^2) + f(4y^2) \leqslant 24\}$

$B = \{(x,y) \mid f(x) - f(ay) + f(3) = 0\}$

$C = \{(x,y) \mid f(x) = \dfrac{1}{2}f(y^2) + f(a)\}$

且 $f(1) = 2$,若 $A \cap B \neq \varnothing$ 且 $A \cap C \neq \varnothing$,试求实数 a 的取值范围.

解 (1) 依题意得 $f(x) = f(1)x$,所以 $f(-x) = -f(1)x = -f(x)$,故 $f(x)$ 为奇函数.

又 $x > 0$ 时,$f(x) > 0$,所以 $f(1) > 0$,故 $f(x) = f(1)x$ 为增函数.

(2) 由 $f(1) = 2$,得 $f(x) = 2x$,所以

$A = \{(x,y) \mid 3x^2 + 4y^2 \leqslant 12\}$

$B = \{(x,y) \mid x - ay + 3 = 0\}$

$C = \{(x,y) \mid x = \dfrac{1}{2}y^2 + a\}$

由 $A \cap B \neq \varnothing$,可求得 $|a| \geqslant \dfrac{\sqrt{15}}{3}$;由 $A \cap C \neq$

Cauchy 函数方程

$\varnothing$,可求得 $-\dfrac{13}{6} \leqslant a \leqslant 2$.

所以实数 a 的取值范围是 $\left[-\dfrac{13}{6}, -\dfrac{\sqrt{15}}{3}\right] \cup \left[\dfrac{\sqrt{15}}{3}, 2\right]$.

例 2 (2012 年第 23 届希望杯高一第二试)已知函数 $f:\mathbf{R} \to \mathbf{R}$ 满足:

1) $f(m+n) = f(m) + f(n) - 1$;

2) 当 $x > 0$ 时,$f(x) > 1$.

解答以下问题:

(1) 求证:$f(x)$ 是增函数;

(2) 若 $f(2\,012) = 6\,037$,解不等式 $f(a^2 - 8a + 13) < 4$.

解 (1) 设 $g(x) = f(x) - 1$,则对任意实数 x, y 均有 $g(x+y) = g(x) + g(y)$,所以 $g(x) = g(1)x$. 又当 $x > 0$ 时,$g(x) = f(x) - 1 > 0$,所以 $g(1) > 0$,从而 $g(x)$ 是增函数,故 $f(x)$ 是增函数.

(2) 因为 $g(2\,012) = f(2\,012) - 1 = 6\,036$ 和 $2\,012 g(1) = 6\,036$,所以 $g(1) = 3, g(x) = 3x$,从而 $f(x) = 3x + 1$,于是不等式 $f(a^2 - 8a + 13) < 4$ 可转化为 $f(a^2 - 8a + 13) < f(1)$,由 $f(x)$ 是增函数,得 $a^2 - 8a + 13 < 1$,即 $a^2 - 8a + 12 < 0$,解得 $2 < a < 6$. 因此,所求不等式的解集为 $\{a \mid 2 < a < 6\}$.

例 3 (2013 年全国高中数学联赛安徽预赛)求所有函数 $f:\mathbf{R} \to \mathbf{R}$,使得对任意的 x, y 均有 $f(x+y) = f(x) + f(y) + 2xy$,且 $x^2 - |x|^{\frac{1}{2}} \leqslant f(x) \leqslant x^2 + |x|^{\frac{1}{2}}$.

第 1 章　柯西(Cauchy)方程问题

证明　设 $g(x)=f(x)-x^2$,则对任意的 x,y 均有
$$g(x+y)=g(x)+g(y)$$
且 $|g(x)|\leqslant |x|^{\frac{1}{2}}$,因此,对于任意的 x 和正整数 n,有
$$|g(x)|=|g(1)x|=\frac{|g(1)(nx)|}{n}=$$
$$\frac{|g(nx)|}{n}\leqslant \sqrt{\frac{|x|}{n}}$$

令 $n\to +\infty$,得 $g(x)=0$,从而,$f(x)=x^2$.

例 4　(2000 年上海交通大学自主招生) 若函数 $f(x)$ 满足 $f(x+y)=f(x)+f(y)+xy(x+y)$,$f'(0)=1$,求函数 $f(x)$ 的解析式.

解　由原式得
$$f(x+y)=f(x)+f(y)+\frac{1}{3}[(x+y)^3-x^3-y^3]$$
上式可化为
$$g(x+y)=g(x)+g(y)$$
其中
$$g(x)=f(x)-\frac{1}{3}x^3$$
则
$$g(x)=g(1)x$$
即
$$f(x)-\frac{1}{3}x^3=[f(1)-\frac{1}{3}]x$$
则
$$f'(x)-x^2=f(1)-\frac{1}{3}$$
再由 $f'(0)=1$ 得 $f(1)=\frac{4}{3}$,于是 $f(x)=\frac{1}{3}x^3+$

7

Cauchy 函数方程

x.

例5 对任意实数 x,y 均满足 $f(x+y^2) = f(x) + 3f^2(y)$,且 $f(1) \neq 0$,则 $f(2\,015) = $ _____.

解 当 $x=y=0$ 时,有 $f(0) = f(0) + 3f^2(0)$,即 $f(0) = 0$.

当 $x=0, y=1$ 时,有 $f(1) = f(0) + 3f^2(1)$,因为 $f(1) \neq 0$,所以 $f(1) = \dfrac{1}{3}$.

取 $x=n, y=1$ 时,有

$$f(n+1) = f(n) + \dfrac{1}{3} \quad \text{④}$$

即

$$f(n+1) - f(n) = \dfrac{1}{3}$$

所以

$$f(n) = \dfrac{n}{3}$$

即

$$f(2\,015) = \dfrac{2\,015}{3}$$

由题设可联想特殊(柯西)方程 $f(x+y) = f(x) + f(y)$,则 $f(x) = f(1)x$,利用特殊方程与一般方程,得到结论,然后合理赋值. 又如已知 $f(1) = 1$,对任意实数 $m, n \in \mathbf{N}_+$ 均满足 $f(m+n) = f(m) + f(n) + mn$,则 $f(n) = $ _____.

通过审题联想结论:S_n 是公差为 d 的等差数列 $\{a_n\}$ 的前 n 项和,对任意的 $m, n \in \mathbf{N}_+$,均有 $S_{m+n} = S_m + S_n + mnd$,此时可知 $d = 1, a_1 = f(1) = 1$,可得 $f(n) = \dfrac{n(n+1)}{2}$. 尝试赋值,令 $m=1$ 时,$f(1+n) =$

第1章 柯西(Cauchy)方程问题

$f(n) + n + 1$,即对任意 $n \geqslant 2, n \in \mathbf{N}_+, f(n) - f(n-1) = n$,累加可得 $f(n) = \dfrac{n(n+1)}{2}$.

通过模型,得到类比的依据. 赋值时要做到"有法可依,有法必依,执法必严,违法必究."才能正确规范.

下面是 2012 年美国国家队选拔考试试题.

试题 求所有的函数 $f: \mathbf{R} \to \mathbf{R}$,使得对于每个实数对 (x, y),均有
$$f(x + y^2) = f(x) + |yf(y)|$$

解 先证明: f 单调.

设任意实数 r, s 满足 $r \geqslant s, t = \sqrt{r - s}$,则 $f(r) = f(s + t^2) = f(s) + |tf(t)| \geqslant f(s)$.

在原方程中,令 $x = 0$,则
$$f(y^2) - f(0) = |yf(y)| \qquad ⑤$$

对任意的实数 a,定义 $g(a) = f(a) - f(0)$,则对于任意的实数 y,有 $g(y^2) = |yf(y)|$.

由 $f(x + y^2) - f(x) = g(x + y^2) - g(x)$,知 $g(x + y^2) - g(x) = |yf(y)| = g(y^2)$. 因此,对于任意的非负实数 z, t,均有 $g(z + t) = g(z) + g(t)$. 于是,g 满足对于非负实数的柯西函数方程.

又因为函数 f 是单调不减的,所以,函数 g 也是单调不减的. 从而,对于非负实数 $x, g(x)$ 是线性的,即存在 $c \geqslant 0$,使得对于所有的 $x \geqslant 0$,均有 $g(x) = cx$. 因此,对于所有的 $x \geqslant 0$,均有 $f(x) = cx + f(0)$.

将其代入式 ⑤ 得
$$cy^2 = |cy^2 + f(0)y|$$

令 $y = 1$,得

9

Cauchy 函数方程

$$c=|c+f(0)| \qquad ⑥$$

再令 $y=2$,且在等式两端同时除以 4,得 $c=\left|c+\dfrac{f(0)}{2}\right|$.

由 $|c+f(0)|=\left|c+\dfrac{f(0)}{2}\right|$,知 $f(0)=\dfrac{f(0)}{2}$ 或 $c+f(0)=-\left(c+\dfrac{f(0)}{2}\right)$,即 $f(0)=0$ 或 $2c+\dfrac{3f(0)}{2}=0$.从而,$f(0)=0$ 或 $-\dfrac{4}{3}c$.

将 $f(0)=-\dfrac{4}{3}c$ 代入式 ⑥ 得 $c=\left|c-\dfrac{4}{3}c\right|\Rightarrow c=0\Rightarrow f(0)=0$.因此,在两种情形中均可得到 $f(0)=0$,且对于所有的 $x\geqslant 0$,均有 $f(x)=cx$.

下面证明:对于所有的实数 y,$f(y)=cy$.

因为 $f(0)=0$,所以,$f(y^2)=|yf(y)|$,其中,y 为任意的实数.

对于任意的 $y<0$,均有 $cy^2=f(y^2)=|yf(y)|$.这表明,$c\geqslant 0$,$|f(y)|=-cy$.于是,$f(y)=cy$ 或 $-cy$.

若 $f(y)=cy$,则结论成立.

若存在 $y<0$,使得 $f(y)=-cy$,则 $-cy=f(y)\leqslant f(0)=0\leqslant -cy$.于是,$0=-cy$,即 $c=0$.因此,$f(y)=0$.

从而,对于所有的实数 y,均有 $f(y)=cy$.对于任意的 $c\geqslant 0$,均有 $f(x+y^2)=cx+cy^2=f(x)+|yf(y)|$.

于是,原方程的解为 $f(x)=cx$,其中,c 为任意非负实数.

第 1 章　柯西(Cauchy)方程问题

§1　一道大学生数学竞赛试题改编的问题

有如下的一道乌克兰国立基辅大学数学竞赛试题：

例 6　求所有函数 $f: \mathbf{R} \to \mathbf{R}$，它在点 $x=0$ 连续且对所有 $x, y \in \mathbf{R}$ 满足关系式
$$f(x+y) = f(x) + f(y) + xy(x+y)$$

这个试题在 2008 年被改编为上海交通大学联读班的试题.

例 7　若函数 $f(x)$ 满足 $f(x+y) = f(x) + f(y) + xy(x+y)$，$f'(0) = 1$. 求函数 $f(x)$ 的解析式.

这个试题是将 f 在点 $x=0$ 连续改为 $f'(0)=1$. 其实更早时就已出现了类似题.

例 8　(2006 年复旦大学自主招生考试试题)$f(x)$ 在 $[1, +\infty)$ 上单调递增，且对 $\forall x, y \in [1, +\infty)$，都有 $f(x+y) = f(x) + f(y)$ 成立. 证明：存在常数 k，使 $f(x) = kx$ 在 $x \in [1, +\infty)$ 上成立.

证明　对 $\forall n \in \mathbf{N}_+$，有 $f(n) = nf(1) \Rightarrow f(1) = nf\left(\dfrac{1}{n}\right) \Rightarrow f\left(\dfrac{1}{n}\right) = \dfrac{1}{n}f(1)$. 故对 $\forall m \in \mathbf{N}_+$，有
$$f\left(\frac{m}{n}\right) = mf\left(\frac{1}{n}\right) = \frac{m}{n}f(1)$$

综上对 $\forall x \in \mathbf{Q}_+$，有 $f(x) = xf(1)$，其中 $\mathbf{Q}_+ = \{x \mid x > 0, x \in \mathbf{Q}\}$.

因为 $f(x)$ 在 $[1, +\infty)$ 上单调递增，故 $\forall x \in \mathbf{R}_+$，$\mathbf{Q}_+$ 中一定存在一列 $\{x_n\}$，$x_n \in \mathbf{Q}_+$，有

Cauchy 函数方程

$$\lim_{n\to\infty} x_n = x$$

其中 $\mathbf{R}_+ = \{x \mid x > 0, x \in \mathbf{R}\}$. 从而

$$f(x) = \lim_{n\to\infty} f(x_n) = xf(1)$$

综上,$f(x) = kx$,其中 $k = f(1)$ 在 $x \in [1, +\infty)$ 上成立.

例 9 (2012 年浙江大学自主招生考试试题) 设 $A = \{x \mid x = m + \sqrt{2}n, m, n \in \mathbf{Z}\}$. 对任意的 $x, y \in A$,函数 $f(x)$ 满足 $f(x+y) = f(x) + f(y)$.

(1) 若 $a, b \in A$,证明:$a + b \in A, ab \in A$;

(2) 对任意的 $x, y \in A$,满足 $f(x+y) = f(x) + f(y)$ 的函数除了 $f(x) = kx$ 外,是否还存在其他函数满足此条件,若存在,写出一个函数;若不存在,说明理由.

这种 $f(x+y) = f(x) + f(y)$ 形方程被称为柯西方程. 法国数学家柯西最早研究了此类方程,并采用了"爬坡式"推理,即先正整数再全体整数,继而正有理数,进而全体有理数. 最后用有理数逼近无理数的方法扩展到全体实数集,以此为背景的试题出现在北京大学 1982 年的硕士研究生试题中:

例 10 试求对于 x_1 和 x_2 的所有实值,而满足:

(1) $f(x_1 + x_2) = f(x_1) + f(x_2)$ 的连续实函数.

(2) $g(x_1 + x_2) = g(x_1) \cdot g(x_2)$ 的连续实函数.

解 (1) 由数学归纳法不难证明,对任何正整数 n,有

$$f(x_1 + x_2 + \cdots + x_n) = f(x_1) + f(x_2) + \cdots + f(x_n)$$

令 $x_1 = x_2 = \cdots = x_n = x$,就得出,对任何 n 与实数 x,有

$$f(nx) = nf(x)$$

第1章 柯西(Cauchy)方程问题

取 $x = \dfrac{y}{n}$,有

$$f\left(\dfrac{y}{n}\right) = \dfrac{1}{n}f(y)$$

把 y 换成 mz 并应用前面的等式,有

$$f\left(\dfrac{m}{n}z\right) = \dfrac{m}{n}f(z)$$

对任何自然数 m,n 及实数 z,上式成立.

令 $x_1 = x_2 = 0$,则得 $f(0) = 2f(0)$,于是 $f(0) = 0$.

若取 $x_1 = -x_2$,并注意到 $f(0) = 0$,有

$$f(-x) = -f(x)$$

由此,有

$$f\left(-\dfrac{m}{n}x\right) = -f\left(\dfrac{m}{n}x\right) = -\dfrac{m}{n}f(x)$$

因此知,对于任何有理数 r 与实数 x,有

$$f(rx) = r \cdot f(x)$$

若取 $x = 1$,有

$$f(r) = f(1) \cdot r$$

下面证明,对任何实数 x,有

$$f(x) = f(1) \cdot x$$

事实上,对于实数 x,取有理数序列

$$r_1, r_2, \cdots, r_n, \cdots$$

$$\lim_{n \to \infty} r_n = x$$

由函数 $f(x)$ 的连续性,有

$$f(x) = \lim_{r_n \to x} f(r_n) = \lim_{r_n \to x} f(1) \cdot r_n = f(1) \cdot x$$

这样我们就知道,具有所述性质(1)的连续函数必为线性齐次函数,即 $f(x) = cx$,$c = f(1)$.

(2) 因 $g(x_1 + x_2) = g(x_1) \cdot g(x_2)$,显然:

① 若 $g(x) \equiv 0$,则 $g(x) \equiv 0$ 是满足上述性质的

Cauchy 函数方程

解.

② 若 $g(x) \neq 0$,现在求 $g(x)$ 的形式,为此首先注意,若具有如上性质的函数不恒为零,则此函数必处处不为零. 事实上,若存在一点 x_0,使 $g(x_0) = 0$,因为 $g(x) \neq 0$,必有一点 y_0,使 $g(y_0) \neq 0$. 而
$$y_0 = x_0 + [y_0 - x_0]$$
由函数具有的性质知
$$g(y_0) = g[x_0 + (y_0 - x_0)] = g(x_0) \cdot g(y_0 - x_0) = 0$$
矛盾,所以 $g(x)$ 处处不为零. 考虑函数
$$\varphi(x) = \ln g(x)$$
由于 $g(x)$ 具有性质 $g(x_1 + x_2) = g(x_1) \cdot g(x_2)$,故 $\varphi(x)$ 具有性质
$$\varphi(x_1 + x_2) = \varphi(x_1) + \varphi(x_2)$$
由已证明的情形(1)知
$$\varphi(x) = \ln g(x) = cx, c = \varphi(1)$$
故
$$g(x) = e^{cx}, c = \ln g(1) \text{ 为常数}$$
(此题为声学、无线电电子学专业考题).

在使用柯西法时,我们用了一个原理 —— 区间套原理:

设有一个区间序列
$$[\alpha_1, \beta_1], [\alpha_2, \beta_2], [\alpha_3, \beta_3], \cdots, [\alpha_n, \beta_n], \cdots \quad (*)$$
其中每个区间都包含着后一个区间
$$[\alpha_i, \beta_i] \supset [\alpha_{i+1}, \beta_{i+1}] (i = 1, 2, 3, \cdots)$$
(其中 $\supset$ 是集的包含符号) 形成一个"区间套",而且区间长度可以任意小(就是说,不论我们事先给定一个多么小的正数 ε,序列(*)中总存在这样一个区间,从此以后所有的区间的长度都小于 ε). 那么,必定存在

第1章 柯西(Cauchy)方程问题

着唯一的一个点 ξ,被所有(无穷多)这些区间所包含.

特别地,当 ξ 为无理数时,如果把 α_n 和 β_n 取作 ξ 的精确到 10^{-n} 的不足近似值和过剩近似值,那么以 ξ 的不足近似值和过剩近似值为端点,将构成一个区间套. 相应的区间的长度是 10^{-n}. 例如,我们知道,圆周率 π 是一个无理数:$\pi = 3.141\,592\,653\,589\,793\cdots$,于是,可以构成区间套 $[3.1, 3.2] \supset [3.14, 3.15] \supset [3.141, 3.142] \supset \cdots$. 区间的长度依次是 $3.2 - 3.1 = 10^{-1}$,$3.15 - 3.14 = 10^{-2}$,$3.142 - 3.141 = 10^{-3}$,$\cdots$. 我们注意到,每个区间的端点 α_n 和 β_n 都是有理数,而只有唯一的一个无理数 π 被包含在所有这些区间之内,详细论述见附录.

有了这些准备之后,我们可以进行函数方程的柯西解法的讨论.

§2 可化归为柯西方程的试题

有了柯西方程后,我们就可以将例 2 转化为柯西方程来处理.

由
$$f(x+y) = f(x) + f(y) + xy(x+y) \Rightarrow$$
$$f(x+y) = f(x) + f(y) + \frac{1}{3}[(x+y)^3 - x^3 - y^3] \Rightarrow$$
$$f(x+y) - \frac{1}{3}(x+y)^3 = f(x) - \frac{1}{3}x^3 + f(y) - \frac{1}{3}y^3$$

令 $g(x) = f(x) - \frac{1}{3}x^3$,则原方程化为
$$g(x+y) = g(x) + g(y) \qquad ①$$

由于 $f'(0)=1$,则 $f(x)$ 在 $x=0$ 处连续. 由此可知式 ① 是一个柯西方程,其解为 $g(x)=ux$(其中 $u=g(1)$). 所以 $f(x)=\dfrac{1}{3}x^3+ux \Rightarrow f'(x)=x^2+u$,再由 $f'(0)=1$,知 $u=1$. 所以 $f(x)=\dfrac{1}{3}x^3+x$.

考虑到柯西方法在中学并不普及,所以命题者还给出了另外两种方法. 一种方法只用到了简单极限和导数定义,另一种方法则用到了导数和积分.

柯西方程是最基本的一类函数方程. 在 21 世纪初,高考数学试题中出现了所谓抽象函数的试题热,所谓抽象函数就是不知道函数的解析表达式来求具体函数的值或判断函数的性质,如下面的:

例 11 (2008 年高考重庆理数)若定义在 **R** 上的函数 $f(x)$ 满足: 对 $\forall x_1, x_2 \in \mathbf{R}$,有 $f(x_1+x_2)=f(x_1)+f(x_2)+1$. 下列说法一定正确的是( ).

A. $f(x)$ 为奇函数 B. $f(x)$ 为偶函数
C. $f(x)+1$ 为奇函数 D. $f(x)+1$ 为偶函数

解 原方程可写为 $f(x_1+x_2)+1=(f(x_1)+1)+(f(x_2)+1)$. 设 $g(x)=f(x)+1$,则原方程可写为 $g(x_1+x_2)=g(x_1)+g(x_2)$. 故由柯西方法 $g(x)=cx$,其中 $c=g(0)$. 故 $g(x)=f(x)+1=cx$ 为奇函数,故选 C.

无独有偶,在 2008 年陕西理科高考数学题中也有一道与此相关的问题.

例 12 定义在 **R** 上的函数 $f(x)$ 满足 $f(x+y)=f(x)+f(y)+2xy(x,y \in \mathbf{R})$,$f(1)=2$,则 $f(-3)$ 等于( ).

A. 2   B. 3   C. 6   D. 9

解 将原方程改写为

第1章 柯西(Cauchy)方程问题

$$f(x+y)-(x+y)^2=[f(x)-x^2]+[f(y)-y^2]$$

设 $g(x)=f(x)-x^2$,则原方程可化为

$$g(x+y)=g(x)+g(y)$$

由柯西方法知,$g(x)=cx$,所以 $f(x)=g(x)+x^2=x^2+cx$. 由 $f(1)=2$,知 $2=1+c \Rightarrow c=1$,故 $f(x)=x^2+x$. 所以 $f(-3)=(-3)^2+(-3)=6$,故选 C.

如果我们将定义域改为 $\mathbf{Z}$,则有如下:

例 12′(2010 年克罗地亚国家数学竞赛(决赛))试求所有函数 $f:\mathbf{Z} \to \mathbf{Z}$ 满足:

(1) $f(n)f(-n)=f(n^2)(n \in \mathbf{Z})$;

(2) $f(m+n)=f(m)+f(n)+2mn(m,n \in \mathbf{Z})$.

解 令函数 f 满足条件:定义 $g:\mathbf{Z} \to \mathbf{Z}, g(n)=f(n)-n^2$. 将 $f(n)=g(n)+n^2$,代入条件(2)得
$g(m+n)+(m+n)^2=g(m)+m^2+g(n)+n^2+2mn \Rightarrow$

$$g(m+n)=g(m)+g(n) \qquad ②$$

将 $n=0$ 代入式 ② 得 $g(0)=0$,则当 $m=-n$ 时,有 $g(-n)=-g(n)$. 易由式 ② 可得 $g(k)=kg(1)(k \in \mathbf{N})$. 因此,$g(-k)=-g(k)=-kg(1)$. 于是

$$g(k)=kg(1)(k \in \mathbf{Z}) \qquad ③$$

接下来求 $g(1)$. 将 $f(n)=g(n)+n^2$ 代入条件(1)得

$$(g(n)+n^2)(g(-n)+n^2)=g(n^2)+n^4$$

令 $n=1$,得

$$(g(1)+1)(g(-1)+1)=g(1)+1$$

即

$$g(1)(g(1)+1)=0$$

则 $g(1)=0$ 或 -1,且由式 ③ 得

$$g(n)=0 \text{ 或 } -n$$

所以,$f(n)=n^2$ 或 $f(n)=n^2-n$. 经检验,这两个函数

均满足条件. 其实直接由例 7 的结论可知
$$f(n) = n^2 + cn$$
再由 $f(n)f(-n) = f(n^2)$ 可得
$$(n^2 + cn)(n^2 - cn) = n^4 + cn^2 \Rightarrow$$
$$n^2 c(c+1) = 0 \Rightarrow c = 0, c = -1$$
故 $f(n) = n^2$ 或 $f(n) = n^2 - n$.

可见用柯西方法可以将此类问题一揽子解决，不必因题而异地想新方法. 在求出函数解析表达式时要比用具体数值代入方便，所以将方程化归为柯西方程是解题的捷径.

例 13 设 $f: \mathbf{Q} \to \mathbf{Q}$（$\mathbf{Q}$ 为有理数集），且对 $\forall x, y \in \mathbf{Q}$
$$f(x+y) = f(x) + f(y) + 4xy \qquad ④$$
如果 $f(-1)f(1) \geqslant 4$, 求 $f(x)$.

若不用柯西方法，则需用构造递推数列来解函数方程，如何构造是一个技巧性很强的工作.

解法 1 取 $x = y = 0$, 由式 ④ 得 $f(0) = 0$. 在式 ④ 中取 $x = 1$ 和 $y = -1$ 得
$$f(0) = f(1) + f(-1) - 4$$
即
$$f(1) + f(-1) = 4$$
因为 $f(-1)f(1) \geqslant 4$, 所以 $f(1)$ 和 $f(-1)$ 皆为正数. 从而 $4 = f(1) + f(-1) \geqslant 2\sqrt{f(1)f(-1)} \geqslant 4$ 中等号成立，所以
$$f(1) = f(-1) = 2$$
再在式 ④ 中取 $y = 1$ 得
$$f(x+1) = f(x) + 4x + 2 \qquad ⑤$$
对式 ⑤ 进行递推有
$$f(2) = f(1+1) = f(1) + 4 \times 1 + 2$$

第 1 章　柯西(Cauchy)方程问题

$$f(3) = f(2+1) = f(2) + 4 \times 2 + 2$$
$$\vdots$$
$$f(n) = f(1) + 4(1+2+\cdots+(n-1)) + 2(n-1) = 2n^2$$

又
$$f\left(\frac{k}{n} + \frac{1}{n}\right) = f\left(\frac{k}{n}\right) + f\left(\frac{1}{n}\right) + \frac{4k}{n^2}$$

即
$$f\left(\frac{k+1}{n}\right) - f\left(\frac{k}{n}\right) = f\left(\frac{1}{n}\right) + \frac{4k}{n^2}$$

利用 $f(1)=2$,对 k 从 1 到 $n-1$ 求和得
$$f\left(\frac{1}{n}\right) = \frac{2}{n^2}$$

同理对 k 从 1 到 $m-1$ 求和得
$$f\left(\frac{m}{n}\right) = 2 \cdot \frac{m^2}{n^2}$$

最后令 $x = \frac{m}{n}, y = -\frac{m}{n}$,由式 ④ 有
$$f(0) = f\left(\frac{m}{n} - \frac{m}{n}\right) = f\left(\frac{m}{n}\right) + f\left(-\frac{m}{n}\right) - \frac{4m^2}{n^2}$$

故 $f\left(-\frac{m}{n}\right) = 2 \cdot \frac{m^2}{n^2}$. 因此对所有 $x \in \mathbf{Q}$,有 $f(x) = 2x^2$.

若采用柯西方法,则十分简单,只需将原方程写成
$$f(x+y) - 2(x+y)^2$$
$$= (f(x) - 2x^2) + (f(y) - 2y^2)$$
即可. 可求出 $f(x) - 2x^2 = cx$.

注意到 $f(1)=2$,代入上式得 $c=0$,故 $f(x)=2x^2$.

例 14　(1999 年广西数学竞赛试题)对每一实数对 x, y,函数 $f(x)$ 满足
$$f(x+y) = f(x) + f(y) + xy + 1$$

Cauchy 函数方程

若 $f(-2)=-2$,试求满足 $f(a)=a$ 的整数 a 的个数.

原解法是运用不等关系来解的,并且没有求出 $f(x)$ 的解析表达式.

解法 1 令 $x=y=0$,得 $f(0)=-1$.

令 $x=y=-1$,得 $f(-1)=-2$.

又令 $x=1,y=-1$,可得 $f(1)=1$.

再令 $x=1$,得
$$f(y+1)=f(y)+y+2 \quad ⑥$$
所以 $f(y+1)-f(y)=y+2$.

即当 y 为正整数时,$f(y+1)-f(y)>0$.

由 $f(1)=1$ 可知对一切正整数 y,$f(y)>0$. 因此,当 $y\in \mathbf{N}$ 时,$f(y+1)=f(y)+y+2>y+1$,即对一切大于 1 的正数 t 恒有 $f(t)>t$. 又由式 ⑥,$f(-3)=-1$,$f(-4)=1$.

下面证明,当整数 $t\leqslant -4$ 时,$f(t)>0$.

因 $t\leqslant -4$,故 $-(t+2)>0$.

由式 ⑥,得 $f(t)-f(t+1)=-(t+2)>0$,即
$$f(-5)-f(-4)>0$$
$$f(-6)-f(-5)>0$$
$$\vdots$$
$$f(t+1)-f(t+2)>0$$
$$f(t)-f(t+1)>0$$
相加,得 $f(t)-f(-4)>0$,即 $f(t)>f(-4)=1>0$.

故 $t\leqslant -4$,因此 $f(t)>t$.

综上所述,满足 $f(t)=t$ 的整数只有 $t=1,-2$.

上述解法是用抽象函数求值的方法得到的,既曲折又非本质.下面我们用柯西方法给出一种简捷的解法.

解法 2 我们将原方程改写成

第1章 柯西(Cauchy)方程问题

$$f(x+y) - \left[\frac{1}{2}(x+y)^2 - 1\right]$$
$$= f(x) - \left(\frac{1}{2}x^2 - 1\right) + f(y) - \left(\frac{1}{2}y^2 - 1\right)$$

令
$$g(x) = f(x) - \left(\frac{1}{2}x^2 - 1\right) = f(x) - \frac{1}{2}x^2 + 1$$

则原方程变为
$$g(x+y) = g(x) + g(y)$$
$$g(-2) = f(-2) - \left(\frac{1}{2} \times 2^2 - 1\right) = -3$$

由柯西方法：$g(x) = cx$. 因为 $g(-2) = -3 = c(-2) \Rightarrow c = \frac{3}{2}$，所以

$$f(x) - \frac{1}{2}x^2 + 1 = \frac{3}{2}x$$

故
$$f(x) = \frac{1}{2}x^2 + \frac{3}{2}x - 1$$
$$f(a) = a \Rightarrow \frac{1}{2}a^2 + \frac{3}{2}a - 1 = a \Rightarrow$$
$$a^2 + a - 2 = 0 \Rightarrow$$
$$a = -2, a = 1$$

下列各方程均可作变换转化为柯西方程来求解.

(1) 若 $f(x+y) = f(x) \cdot f(y)$ 且 $f(x) \not\equiv 0$，则 $f(x) = a^x$.

(2) 若 $f(xy) = f(x) + f(y)(x > 0, y > 0)$，则 $f(x) = \log_a x$.

(3) 若 $f(xy) = f(x) \cdot f(y)(x > 0, y > 0)$，则 $f(x) = x^a$.

(4) 若 $f(x+y) = \dfrac{f(x) \cdot f(y)}{f(x) + f(y)}$，则 $f(x) = \dfrac{k}{x}$.

(5) 若 $f(x) \geqslant 0$,且 $x > 0, y > 0$ 时,有 $f(x+y) = f(x) + f(y) + 2\sqrt{f(x) \cdot f(y)}$,则 $f(x) = ax^2$ ($a > 0$).

(6) 若 $f(x) \geqslant 0$,且 $x > 0, y > 0$ 时,有
$$f^2(x) + f^2(y) = f^2(x+y)$$
则 $\qquad f(x) = a\sqrt{x}$ ($a > 0$)

(7) 若 $f(x) \geqslant 0$,且 $f^2(x+y) + f^2(x-y) = 2[f^2(x) + f^2(y)]$,则 $f(x) = a|x|$ ($a > 0$).

(8) 若 $f(x+y) = f(x) + f(y) + kxy$,则 $f(x) = ax^2 + bx$.

(9) 若 $f(x+y) + f(x-y) = 2f(x)$,则 $f(x) = ax + b$.

(10) 若 $f\left(\dfrac{x+y}{2}\right) = \dfrac{f(x)+f(y)}{2}$,则 $f(x) = ax + b$.

下面再举两例.

例 15 (2012 年清华大学金秋营) 已知在 **R** 上可导的非常数函数 $f(x)$ 与 $g(x)$ 满足:对任意的实数 x, y 都有 $f(x+y) = f(x)f(y) - g(x)g(y)$,$g(x+y) = f(x)g(y) + g(x)f(y)$,且 $f'(0) = 0$. 求证: $f^2(x) + g^2(x) = 1$.

证法 1 将所给两式平方相加,得
$f^2(x+y) + g^2(x+y)$
$= [f(x)f(y) - g(x)g(y)]^2 +$
$\quad [f(x)g(y) + g(x)f(y)]^2$
$= [f^2(x) + g^2(x)][f^2(y) + g^2(y)]$ (拉格朗日恒等式)

若存在某个 x_0 使 $f^2(x_0) + g^2(x_0) = 0$,则恒有 $f^2(x_0 + y) + g^2(x_0 + y) = 0$,即 $f(x) = g(x) = 0$ 恒成立,与 $f(x)$ 和 $g(x)$ 为非常数函数矛盾,故 $f^2(x) + g^2(x) > 0$. 从而 $\ln[f^2(x+y) + g^2(x+y)] =$

第1章　柯西(Cauchy)方程问题

$\ln[f^2(x)+g^2(x)]+\ln[f^2(y)+g^2(y)]$.

设 $\ln[f^2(x)+g^2(x)]=F(x)$，则 $F(x+y)=F(x)+F(y)$(柯西方程)，而 $F(x)$ 是可导函数，故连续，则 $F(x)=kx$，从而 $f^2(x)+g^2(x)=e^{kx}$，求导并取 $x=0$，得 $2f'(0)f(0)+2g'(0)g(0)=k$，而 $f'(0)=0$，在原题所给的方程中取 $x=y=0$，可得 $f(0)=f^2(0)-g^2(0)$，$g(0)=2f(0)g(0)$.

若 $g(0)\neq 0$，则 $f(0)=\dfrac{1}{2}$，$g^2(0)=f^2(0)-f(0)=-\dfrac{1}{4}<0$ 矛盾，故 $g(0)=0$.

则 $k=2f'(0)f(0)+2g'(0)g(0)=0$，所以 $f^2(x)+g^2(x)=1$.

本题采用了转化为柯西方程进行求解的方法，当然也可以不转化为柯西方程进行求解.下面再给出既常规又重要的两种证法.

证法 2　将所给两方程对 y 求导，得
$$f'(x+y)=f(x)f'(y)-g(x)g'(y)$$
$$g'(x+y)=f(x)g'(y)+g(x)f'(y)$$

令 $y=0$，得 $f'(x)=f(x)f'(0)-g(x)g'(0)$，$g'(x)=f(x)g'(0)+g(x)f'(0)$.

由于 $f'(0)=0$，故 $f'(x)=-g(x)g'(0)$，$f(x)g'(0)=g'(x)$，两式相乘，得
$$f'(x)f(x)g'(0)=-g'(x)g(x)g'(0)$$

若 $g'(0)=0$，则必有 $f'(x)=0$，与 $f(x)$ 为非常数函数矛盾，故必有 $g'(0)\neq 0$，则
$$2f'(x)f(x)+2g'(x)g(x)=0$$
即 $[f^2(x)+g^2(x)]'=0$，则 $f^2(x)+g^2(x)$ 为常数.

在原题所给的方程中取 $x=y=0$，可得
$$f(0)=f^2(0)-g^2(0)$$

Cauchy 函数方程

$$g(0) = 2f(0)g(0)$$

若 $g(0) \neq 0$,则 $f(0) = \dfrac{1}{2}$,$g^2(0) = f^2(0) - f(0) = -\dfrac{1}{4} < 0$ 矛盾,故 $g(0) = 0$.

从而 $f(0) = f^2(0)$. 若 $f(0) = 0$,则恒有 $f^2(x) + g^2(x) = 0$,从而 $f(x) = g(x) = 0$,与 $f(x)$ 和 $g(x)$ 为非常数函数矛盾,所以 $f(0) = 1$,从而恒有 $f^2(x) + g^2(x) = 1$.

证法 3 将所给两方程对 y 求导,得
$$f'(x+y) = f(x)f'(y) - g(x)g'(y)$$
$$g'(x+y) = f(x)g'(y) + g(x)f'(y)$$
令 $y = 0$ 得
$$f'(x) = f(x)f'(0) - g(x)g'(0)$$
$$g'(x) = f(x)g'(0) + g(x)f'(0)$$
由于 $f'(0) = 0$,故
$$f'(x) = -g(x)g'(0)$$
$$g'(x) = f(x)g'(0)$$
若 $g'(0) = 0$,则 $f'(x) = 0$,与 $f(x)$ 为非常数函数矛盾,故 $g'(0) \neq 0$,则
$$f''(x) = -g'(x)g'(0)$$
$$-\dfrac{f''(x)}{g'(0)} = g'(x)$$
$$-\dfrac{f''(x)}{g'(0)} = f(x)g'(0)$$

设 $g'(0) = \omega$,则 $f''(x) = -\omega^2 f(x)$,解此微分方程,得
$$f(x) = A\cos(\omega x + \varphi)$$
则由
$$f'(x) = -g(x)g'(0)$$

第1章 柯西(Cauchy)方程问题

$$g(x) = -\omega^{-1}f'(x) = A\sin(\omega x + \varphi)$$

代入

$$f(x+y) = f(x)f(y) - g(x)g(y)$$

得

$$A\cos[\omega(x+y)+\varphi] = A^2\cos(\omega x+\varphi)\cos(\omega y+\varphi) - A^2\sin(\omega x+\varphi)\sin(\omega y+\varphi)$$

即

$$A\cos[\omega x + \omega y + \varphi] = A^2\cos(\omega x + \omega y + 2\varphi)$$

若 $A=0$,则 $f(x)=0$,与 $f(x)$ 为非常数函数矛盾,则

$$\cos(\omega t + \varphi) = A\cos(\omega t + 2\varphi)$$

对任意的实数 t 成立,故 $|A|=1$,从而

$$f^2(x) + g^2(x) = A^2 = 1$$

例 16 函数 $f:\mathbf{N} \to \mathbf{N}$ 对所有的 $x,y \in \mathbf{N}$ 满足关系式

$$f(xy+x+y) = f(xy)+f(x)+f(y)$$

证明:对所有的 x,y,$f(x+y)=f(x)+f(y)$ 也成立.

证法 1 首先取 $y=-1$,那么我们得出

$$f(-1) = f(x) + f(-x) + f(-1) \Rightarrow$$
$$f(-x) = -f(x)$$

因此 $f(x)$ 是奇函数.由条件可知

$$f(xy+x+y) = f(xy)+f(x)+f(y) \quad ⑦$$

在上式中把 y 换成 $-y$ 得出

$$f(-xy+x-y) = f(-xy)+f(x)+f(-y) \quad ⑧$$

把⑦,⑧两式相加得出

$$f(xy+x+y) + f(x-y-xy) = 2f(x) \quad ⑨$$

注意,对所有使得 $a+b+2 \neq 0$ 的 a,b,我们必可求出 x,y 使得

$$xy+x+y=a, x-y-xy=b$$

实际上,只要取 $x = \dfrac{a+b}{2}, y = \dfrac{a-b}{a+b+2}$ 即可.因此由

Cauchy 函数方程

式 ⑨ 就得出对所有那种 a,b 有
$$f(a)+f(b)=2f\left(\frac{a+b}{2}\right)$$
成立. 容易看出, 即使 $a+b+2=0$, 上式仍然成立, 因为只要在前面的论证中交换 a,b 的位置, 即可得出一个有效的结果(注: 这一论断有问题, 因为交换 a,b 的位置仍然不能避免 $a+b+2=0$ 的问题).

把上式应用到条件中去, 我们就得出
$$f(xy+x+y)=f(xy)+2f\left(\frac{x+y}{2}\right)$$
设 $P=xy, 2S=x+y$, 并注意到对每个使得 $S^2\geqslant P$ 的 P,S 都可找到 x,y 使得 $P=xy, 2S=x+y$, 那么我们就得出
$$f(P+2S)=f(P)+2f(S)$$
令 $P=0$ 就得出对所有的 $S, f(2S)=2f(S)$ 成立, 而 $f(a)+f(b)=2f\left(\frac{a+b}{2}\right)$ 就成为 $f(a)+f(b)=f(a+b)$, 这正是我们所要证的.

注 本题的证明是不严格的, 问题就在于解题者未能解决 $a+b+2=0$ 的问题, 因此下面再给出另一个严格的证明.

证法 2 在 $f(xy+x+y)=f(xy)+f(x)+f(y)$ 中令 $y=-1$, 那么我们得出
$$f(-1)=f(x)+f(-x)+f(-1)\Rightarrow$$
$$f(-x)=-f(x) \qquad ⑩$$
因此 $f(x)$ 是奇函数.

再在式 ⑩ 中令 $x=0$ 就得出
$$f(0)=0 \qquad ⑪$$
再令 $y=u+v+uv$, 那么我们得出
$$f(x+u+v+uv+xu+xv+xuv)$$

第 1 章 柯西（Cauchy）方程问题

$$= f(x) + f(u+v+uv) + f(xu+xv+xuv)$$
$$= f(x) + f(u) + f(v) + f(uv) + f(xu+xv+xuv)$$
⑫

在式 ⑫ 中交换 x, u 的位置得出

$$f(u+x+v+xv+ux+uv+uxv)$$
$$= f(u) + f(x) + f(v) + f(xv) + f(ux+uv+uxv)$$
⑬

从式 ⑫ 和式 ⑬ 得出

$$f(uv) + f(xu+xv+xuv)$$
$$= f(xv) + f(xu+uv+xuv) \qquad ⑭$$

在式 ⑭ 中令 $x = 1$ 得出

$$f(uv) + f(u+v+uv) = f(v) + f(u+2uv) \Rightarrow$$
$$f(uv) + f(u) + f(v) + f(uv) = f(v) + f(u+2uv) \Rightarrow$$
$$f(u) + 2f(uv) = f(u+2uv) \qquad ⑮$$

在式 ⑮ 中令 $v = -\dfrac{1}{2}$ 得出

$$f(u) + 2f\left(-\dfrac{u}{2}\right) = f(0) = 0 \Rightarrow$$
$$f(u) = -2f\left(-\dfrac{u}{2}\right) = 2f\left(\dfrac{u}{2}\right) \Rightarrow$$
$$f(2u) = 2f(u) \qquad ⑯$$

由式 ⑮，⑯ 得出

$$f(u+2uv) = f(u) + 2f(uv) = f(u) + f(2uv)$$

在上式中再把 v 换成 $\dfrac{v}{2u}$ 就得出

$$f(u+v) = f(u) + f(v)$$

当然柯西方程的解法有多种，利用极限方法也比较简便．它避免了数域 **N**，**Q**，**R** 逐层的爬坡，一步到位．但对于中学生来讲还是不太容易接受的．下面我们介绍一下这种方法，并顺便给出几个例子．

Cauchy 函数方程

§3 极限方法

例 17 (2000 年上海交通大学) 已知函数 $f(x)$ 满足 $f(x+y) = f(x) + f(y) + xy(x+y)$,又 $f'(0) = 1$. 求函数 $f(x)$ 的解析式.

解 令 $x = y = 0$,则 $f(0) = 0$.

令 $x = y \neq 0$,则 $f(2x) = 2f(x) + 2x^3$,即 $\dfrac{f(2x)}{2x} - \dfrac{f(x)}{x} = x^2$,所以有

$$f(x) = \begin{cases} \dfrac{f(x)}{x} - \dfrac{f\left(\frac{x}{2}\right)}{\frac{x}{2}} = \dfrac{x^2}{4} \\ \dfrac{f\left(\frac{x}{2}\right)}{\frac{x}{2}} - \dfrac{f\left(\frac{x}{4}\right)}{\frac{x}{4}} = \dfrac{x^2}{16} \\ \vdots \\ \dfrac{f\left(\frac{x}{2^n}\right)}{\frac{x}{2^n}} - \dfrac{f\left(\frac{x}{2^{n+1}}\right)}{\frac{x}{2^{n+1}}} = \dfrac{x^2}{2^{2n+2}} \end{cases}$$

累加得

$$\dfrac{f(x)}{x} - \dfrac{f\left(\frac{x}{2^{n+1}}\right)}{\frac{x}{2^{n+1}}} = \dfrac{\frac{x^2}{4}\left[1 - \left(\frac{1}{4}\right)^{n+1}\right]}{1 - \frac{1}{4}} \qquad ①$$

由 $f'(0) = 1$,知

$$\lim_{x \to 0} \dfrac{f(x) - f(0)}{x - 0} = f'(0) = 1$$

第1章 柯西(Cauchy)方程问题

对式 ① 两边令 $n \to \infty$ 取极限,则

$$\frac{f(x)}{x} - f'(0) = \frac{\frac{x^2}{4}}{1 - \frac{1}{4}}$$

即 $f(x) = \frac{x^3}{3} + x (x \neq 0)$,且 $f(0) = 0$,则 $f(x) = \frac{x^3}{3} + x$.

例 18 (2006年清华大学自主招生考试试题) 已知 $f(x)$ 满足对实数 a,b 有 $f(a \cdot b) = af(b) + bf(a)$,且 $|f(x)| \leqslant 1$. 求证: $f(x) \equiv 0$.

可以用以下结论:

若 $\lim\limits_{x \to \infty} g(x) = 0, |f(x)| \leqslant M, M$ 为一常数,那么
$$\lim\limits_{x \to \infty}[f(x) \cdot g(x)] = 0$$

证明 $f(0) = 0$,对 $\forall x_0 \in \mathbf{R}, x_0 \neq 0$ 有
$$f(ax_0) = af(x_0) + x_0 f(a)$$

当 $a \neq 0$ 时
$$\frac{f(x_0)}{x_0} = \frac{f(ax_0)}{ax_0} - \frac{f(a)}{a} \qquad ②$$

因为
$$\lim_{a \to \infty} \frac{1}{a} = 0, |f(a)| \leqslant 1$$

所以
$$\lim_{a \to \infty} \frac{f(a)}{a} = 0$$

因为 $\lim\limits_{a \to \infty} \frac{1}{ax_0} = 0, |f(ax_0)| \leqslant 1$,所以
$$\lim_{a \to \infty} \frac{f(ax_0)}{ax_0} = 0$$

Cauchy 函数方程

故对式 ② 两边取极限得

$$\lim_{a\to\infty}\frac{f(x_0)}{x_0}=\lim_{a\to\infty}\frac{f(ax_0)}{ax_0}-\lim_{a\to\infty}\frac{f(a)}{a}=0$$

又 $\dfrac{f(x_0)}{x_0}$ 为常数,故 $f(x_0)=0$.

综上对 $\forall x \in \mathbf{R}, f(x)=0$.

例 19 $f(x)$ 满足

$$\lim_{x\to 0}f(x)=f(0)=1$$
$$f(2x)-f(x)=x^2$$

求 $f(x)$.

解 根据题意,有

$$f(x)-f\left(\frac{x}{2}\right)=\left(\frac{x}{2}\right)^2$$
$$f\left(\frac{x}{2}\right)-f\left(\frac{x}{4}\right)=\left(\frac{x}{4}\right)^2$$
$$\vdots$$
$$f\left(\frac{x}{2^{n-1}}\right)-f\left(\frac{x}{2^n}\right)=\left(\frac{x}{2^n}\right)^2$$

累加得

$$f(x)-f\left(\frac{x}{2^n}\right)=\frac{x^2}{3}\left(1-\frac{1}{4^n}\right)$$

两边取极限得

$$f(x)=\frac{x^2}{3}+1$$

例 20 $f(x)$ 是定义在自然数集 $\mathbf{N}$ 上的函数,$f(1)=\dfrac{3}{2}$,对 $\forall x,y \in \mathbf{N}$ 有 $f(x+y)=\left(1+\dfrac{y}{x+1}\right)f(x)+\left(1+\dfrac{x}{y+1}\right)f(y)+x^2y+xy+xy^2$,求 $f(100)$ 的值.

第 1 章　柯西（Cauchy）方程问题

解　在原方程中令 $y=1$，并利用 $f(1)=\dfrac{3}{2}$ 得

$$f(x+1) = \left(1+\frac{1}{x+1}\right)f(x) + \left(1+\frac{x}{2}\right)\cdot\frac{3}{2}+x^2+2x$$

整理得

$$\frac{f(x+1)}{x+2} - \frac{f(x)}{x+1} = x + \frac{3}{4}$$

令 $x=1,2,\cdots,n-1$，得

$$\frac{f(2)}{3} - \frac{f(1)}{2} = 1 + \frac{3}{4}$$

$$\frac{f(3)}{4} - \frac{f(2)}{3} = 2 + \frac{3}{4}$$

$$\vdots$$

$$\frac{f(n)}{n+1} - \frac{f(n-1)}{n} = (n-1) + \frac{3}{4}$$

相加得

$$\frac{f(n)}{n+1} - \frac{f(1)}{2} = \frac{1}{2}n(n-1) + \frac{3}{4}(n-1)$$

$$= \frac{1}{4}(n-1)(2n+3)$$

代入 $f(1)=\dfrac{3}{2}$ 得

$$f(n) = \frac{1}{4}n(n+1)(2n+1)$$

所以

$$f(100) = \frac{1}{4}\times 100\times 101\times 201 = 507\ 525$$

§4 积分方法

用导数和不定积分的概念来解例 14：

解法 3 如不利用柯西方程亦可直接求解.

由 $f(x+y) = f(x) + f(y) + xy(x+y) \Rightarrow f(0) = 0$（令 $x = y = 0$）. 由

$$f'(0) = 1 \Rightarrow \lim_{y \to 0} \frac{f(y) - f(0)}{y} = 1 \Rightarrow \lim_{y \to 0} \frac{f(y)}{y} = 1$$

故对 $\forall x \in \mathbf{R}$，原式可写成

$$\lim_{y \to 0} \frac{f(x+y) - f(x)}{y} = \lim_{y \to 0} \frac{f(y) + xy(x+y)}{y}$$

$$= \lim_{y \to 0} \frac{f(y)}{y} + \lim_{y \to 0} \frac{xy(x+y)}{y}$$

$$= 1 + x^2$$

由导数的定义知，$f(x)$ 在整个 $\mathbf{R}$ 上均可导，并且 $f'(x) = 1 + x^2$，两边积分，得

$$f(x) = \frac{1}{3}x^3 + x + c \text{（其中 } c \text{ 为常数）}$$

再由 $f(0) = 0$，得 $c = 0$，故 $f(x) = \frac{1}{3}x^3 + x$.

其实柯西方程除了柯西方法外还可以用积分方法，且不要求 $f(x)$ 是连续的.

例 21 设 f 是任一有界区间上的黎曼可积函数，且对任何实数 x, y 有

$$f(x+y) = f(x) + f(y) \quad ①$$

则 $f(x) = cx$，其中 $c = f(1)$.

证明 在区间 $[0, x]$ 上对 $f(u + y) = f(u) +$

第 1 章　柯西(Cauchy)方程问题

$f(y)$ 关于 u 进行积分,易见

$$xf(y) = \int_0^{x+y} f(u)\,du - \int_0^x f(u)\,du - \int_0^y f(u)\,dy \quad ②$$

成立. 因为交换 x,y 的位置,式 ② 右边不变,故得 $xf(y)=yf(x)$,因此,对 $x \neq 0$,$\dfrac{f(x)}{x}=c$ 为常数,于是 $f(x)=cx$. 由于式 ① 蕴涵 $f(0)=0$,所以对 $x=0$,$f(x)=cx$ 也成立. 在 $f(x)=cx$ 中取 $x=1$ 得 $c=1$.

注　若 f 满足式①,则 f 在一点连续蕴涵 f 处处连续. 事实上

$$|f(x+h)-f(x)|=|f(h)|=|f(y+h)-f(y)|$$

假设 f 满足式①,但 $f(x)$ 不属于 cx 的形式,其中 c 是常数,则 f 的图像在平面上是稠密的.

事实上,令 $c=f(1)$,选取这种 x 使 $f(x) \neq cx$,那么 f 的图像包含所有 $[u+vx, uc+vf(x)]$(u,v 为有理数)这种形式的点. 设 $\mathbf{A}$ 表示矩阵

$$\begin{pmatrix} 1 & c \\ x & f(x) \end{pmatrix}$$

则 $\mathbf{A}$ 是非退化的,从而是由平面映射到自身上的同胚. 特别地,$\mathbf{A}$ 保存稠密集;集 $\{(u,v) \mid u,v \in \mathbf{Q}\}$ 是稠密集,并且 $\mathbf{A}$ 把这个集[经过乘法 $x\mathbf{A}, x=(u,v)$]映到上述 f 的图像之子集上. 因此,f 的图像是稠密集.

利用这种方法,我们还可以得到如下的:

例 22　对任意 $x, y \in \mathbf{R}$ 满足

$$g\left(\frac{x+y}{2}\right) = \frac{g(x)+g(y)}{2}$$

的 $\mathbf{R}$ 到 $\mathbf{R}$ 的连续函数 g 都是形如 $g(x)=cx+a$ 的函数,其中 c,a 是常数.

证法 1　事实上,对 $y=0$,从这个函数方程得

Cauchy 函数方程

$$g\left(\frac{x}{2}\right) = \frac{g(x) + g(0)}{2} = \frac{g(x) + a}{2}$$

其中 $a = g(0)$,因此

$$\frac{g(x) + g(y)}{2} = g\left(\frac{x+y}{2}\right) = \frac{g(x+y) + a}{2}$$

即 $g(x+y) = g(x) + g(y) - a$. 取 $f(x) = g(x) - a$,得

$$f(x+y) = f(x) + f(y) (x, y \in \mathbf{R})$$

由 g 连续,知 f 也连续. 由例 16 知 $f(x) = cx, c = f(1)$,因此 $g(x) = cx + a$,其中 c, a 是常数.

对此推论,我们还有另外的一种方法.

证法 2 利用题设的条件,对常数 $a, b(b > a)$ 用归纳法,我们可以证明

$$f\left(a + \frac{k}{2^n}(b-a)\right) = \frac{f(b) - f(a)}{b-a}\left[\frac{k}{2^n}(b-a)\right] + f(a)$$

对任意的 n 成立,其中 k 满足 $0 \leqslant k \leqslant 2^n$. 记

$$E = \left\{a + \frac{k}{2^n}(b-a) \,\middle|\, n = 1, 2, \cdots; 0 \leqslant k \leqslant 2^n\right\}$$

那么 E 在 $[a, b]$ 上稠密. 由 $f(x)$ 的连续性知

$$f(x) = \frac{f(b) - f(a)}{b - a}(x - a) + f(a)$$

成立. 证毕.

例 23 设 $f(x)$ 是 $(-\infty, +\infty)$ 的连续函数,并且对于固定的正数 α, β 满足 $\alpha + \beta = 1$,任取 x, y 有等式

$$f(\alpha x + \beta y) = \alpha f(x) + \beta f(y)$$

那么 $f(x)$ 是一个线性函数.

证明 令 $x = 0$,由题设得

$$f(\alpha x) = \alpha f(x) + \beta f(0)$$

同样地,有

$$f(\beta y) = \alpha f(0) + \beta f(y)$$

于是

$$\begin{aligned}
f(x+y) &= \alpha f\left(\frac{x}{\alpha}\right) + \beta f\left(\frac{y}{\beta}\right) \\
&= f(x) - \beta f(0) + f(y) - \alpha f(0) \\
&= f(x) + f(y) - f(0)
\end{aligned}$$

这样我们把问题化成了已知的情况,于是命题成立. 证毕.

§5 应用代数基本定理法

如果我们将函数限制在多项式范围内,则有以下另类解法.

例 24 设多项式函数 $f(x)$ 满足

$$f(a+b) = f(a) + f(b) \quad (a,b \text{ 为任意数})$$

则 $f(x) = cx$,c 是任一常数.

证明 由题设可得

$$f(2) = 2f(1)$$

再用数学归纳法可得

$$f(n) = nf(1) \quad (n \in \mathbf{N})$$

于是多项式 $f(x) - xf(1)$ 有无限多个不同的根 $1,2,3,\cdots,n,\cdots$,而一个多项式至多只有有限多个不同的根,所以

$$f(x) - xf(1) \equiv 0$$

即

$$f(x) = f(1) \cdot x \quad (\text{令 } c = f(1) \text{ 即可})$$

这种利用代数基本定理的方法在自主招生考试中多有

应用.

例 25 （2012年北京保送生试题）已知 $f(x)$ 为一个二次函数,且 $a, f(a), f(f(a)), f(f(f(a)))$ 成正等比数列. 证明: $f(a) = a$.

证明 设此等比数列公比为 q,则
$$f(a) = aq, f(f(a)) = f(a)q$$
$$f(f(f(a))) = f(f(a))q$$
故方程 $f(x) = qx$ 有三个根.

注意到 $f(x) - qx = 0$ 是二次方程,最多能有两个不同根,故 a, aq, aq^2 中一定有两个相等,可推出 $q=1$,从而
$$f(a) = a$$

§6 柯西方程的一个应用

推导 Poisson 分布律.

我们曾从 Poisson 流出发来推导 Poisson 分布律.

在概率论中,把源源不断出现的随机质点序列称为随机质点流(简称为流),如某电话交换台上在一段时间内接收到的呼唤流;某商店在一段时间内接待的顾客流;某纺纱机上的断头流;某晶体管上的电子流等.诸如此类的"流"在客观世界是广泛存在着的.通常,把符合下列条件的流,称为 Poisson 流:

(1) 在互不相交的时间区间中各自出现的随机质点数是相互独立的(无后效性);

(2) 在时间区间 $[t_0, t_0 + t]$ 内出现 k 个质点的概率与 t_0 无关,而只与 $t > 0$ 有关(平稳性). 据此,可用 $V_k(t)$ 表示在时间长为 t 的区间中出现 k 个质点的概

第 1 章　柯西(Cauchy)方程问题

率,显而易见,应要求 $V_0(t)$ 不恒等于 1;

(3) 在长为 t 的时间区间内,有

$$\sum_{k=0}^{\infty} V_k(t) = 1$$

(4) 在一个瞬间同时出现两个以上的质点被认为几乎是不可能的,即 $V_k(t) = o(t)(k=2,3,\cdots)$.

我们分以下五步来推导上述 Poisson 流的分布规律:

第一步:先求 $V_0(t)$. 由条件(1),(2) 和独立事件乘法定理知,在 $(0,\sigma+t]$ 内不出现质点的概率等于在 $(0,\sigma]$ 和 $(\sigma,\sigma+t]$ 内不出现质点的概率之积,即

$$V_0(\sigma+t) = V_0(\sigma) \cdot V_0(t)$$

由北大研究生试题中的(2) 可知,该函数方程的非零连续解为 $V_0(t) = a^t$,其中 $a = V_0(1)$,显然 $0 < a < 1$,故可取 $\lambda = -\ln a > 0$,从而得到

$$V_0(t) = \mathrm{e}^{-\lambda t} \qquad ①$$

第二步:求 $V_1(t)$. 由条件(1) 和(2) 知,在 $(0,\sigma+t]$ 内出现一个质点相当于在 $(0,\sigma]$ 内出现一个质点同时在 $(\sigma,\sigma+t]$ 内不出现质点,或在 $(0,\sigma]$ 内不出现质点而在 $(\sigma,\sigma+t]$ 内出现一个质点. 根据互斥事件的加法定理和独立事件的乘法定理,考虑到条件(2) 便得到

$$V_1(\sigma+t) = V_1(\sigma)V_0(t) + V_0(\sigma)V_1(t)$$

再由式 ①,就有

$$V_1(\sigma+t) = V_1(\sigma)\mathrm{e}^{-\lambda t} + V_1(t)\mathrm{e}^{-\lambda \sigma}$$

即

$$V_1(\sigma+t)\mathrm{e}^{\lambda(\sigma+t)} = V_1(\sigma)\mathrm{e}^{\lambda \sigma} + V_1(t)\mathrm{e}^{\lambda t}$$

当令 $V_1(t)\mathrm{e}^{\lambda t} = U_1(t)$ 时,就得到关于 $U_1(t)$ 的函数方程

$$U_1(\sigma+t) = U_1(\sigma) + U_1(t)$$

由柯西方法,该函数方程的连续解为 $U_1(t)=c_1t$,其中 c_1 是常数,因而

$$V_1(t)=c_1t\mathrm{e}^{-\lambda t} \qquad ②$$

第三步:再求 $V_2(t)$. 根据条件(1)与(2)及概率的加法定理和乘法定理,同第二步的分析可得

$$V_2(\sigma+t)=V_2(\sigma)V_0(t)+V_1(\sigma)V_1(t)+V_0(\sigma)V_2(t)$$

由式 ① 和 ②,立得

$$V_2(\sigma+t)=V_2(\sigma)\mathrm{e}^{-\lambda t}+V_2(t)\mathrm{e}^{-\lambda\sigma}+c_1^2\sigma t\mathrm{e}^{-\lambda(t+\sigma)}$$

即

$$V_2(\sigma+t)\mathrm{e}^{\lambda(t+\sigma)}-\frac{1}{2}c_1^2(\sigma+t)^2$$
$$=\left(V_2(\sigma)\mathrm{e}^{\lambda\sigma}-\frac{1}{2}c_1^2\sigma^2\right)+\left(V_2(t)\mathrm{e}^{\lambda t}-\frac{1}{2}c_1^2t^2\right)$$

令 $U_2(t)=V_2(t)\mathrm{e}^{\lambda t}-\frac{1}{2}c_1^2t^2$ 时,上式就变为函数方程

$$U_2(\sigma+t)=U_2(\sigma)+U_2(t)$$

根据柯西方法知,该函数方程的连续解为

$$U_2(t)=c_2t$$

其中 c_2 为常数,于是

$$V_2(t)=\mathrm{e}^{-\lambda t}\left[\frac{1}{2}(c_1t)^2+c_2t\right]$$

再依条件(4),从上式可得

$$\lim_{t\to 0}\frac{V_2(t)}{t}=\lim_{t\to 0}\mathrm{e}^{-\lambda t}\left[\frac{1}{2}c_1^2t+c_2\right]=c_2=0$$

故有

$$V_2(t)=\mathrm{e}^{-\lambda t}\frac{(c_1t)^2}{2!}$$

第四步:用数学归纳法可以证明:一般地,有

$$V_k(t)=\mathrm{e}^{-\lambda t}\frac{(c_1t)^k}{k!}(k=0,1,2,\cdots) \qquad ③$$

第五步:最后来确定常数 c_1,利用条件 ③,有

第 1 章 柯西(Cauchy)方程问题

$$\sum_{k=0}^{\infty} V_k(t) = \sum_{k=0}^{\infty} e^{-\lambda t} \frac{(c_1 t)^k}{k!} = e^{-\lambda t} \cdot e^{c_1 t} = 1$$

因此,$c_1 = \lambda$. 将此代入式 ③,就得到著名的 Poisson 分布律

$$V_k(t) = e^{-\lambda t} \frac{(\lambda t)^k}{k!} (k = 0, 1, 2, \cdots) \quad ④$$

其中 $\lambda = -\ln V_0(1)$.

§7 单塼教授给出的一个应用

在单塼先生的新作《我怎样解题》[①] 的 343 ~ 344 页上,单先生举了一个巧妙应用的例子:

设 **R** 为实数集,确定所有满足下列条件的函数 $f: \mathbf{R} \to \mathbf{R}$ 有

$$f(x^2 - y^2) = xf(x) - yf(y) \, (\forall x, y \in \mathbf{R})$$

师:先猜猜看,$f(x)$ 是什么函数?

甲:我猜想 $f(x)$ 是正比例函数 kx,$f(x) = kx$ 确实符合要求. 但要证明必有 $f(x) = kx$,似乎不太容易.

师:试试看.

乙:令 $x = y = 0$,得

$$f(0) = 0$$

令 $y = 0$,得

$$f(x^2) = xf(x) \quad ①$$

令 $x = 0$,得

$$f(-y^2) = -yf(y) = -f(y^2) \quad ②$$

所以 $f(x)$ 是奇函数. 只需在 $(0, +\infty)$ 上讨论.

---

① 《我怎样解题》,单塼,哈尔滨工业大学出版社,2013.

Cauchy 函数方程

甲：由于式 ① 有
$$f(x^2-y^2)=f(x^2)-f(y^2)$$
将 x^2, y^2 改写为 $x, y(x, y > 0)$，则
$$f(x-y)=f(x)-f(y)$$
即（将 x 改记为 $x+y$，$x-y$ 改记为 y）
$$f(x+y)=f(x)+f(y) \qquad ③$$
由式 ③，运用熟知的柯西方法可知，对 $x \in \mathbf{Q}$ 有
$$f(x)=kx, k=f(1) \qquad ④$$
如何证明式 ④ 对于 $x \in \mathbf{R}$ 成立，好像很难.

师：由式 ③ 只能得出式 ④ 对 $x \in \mathbf{Q}$ 成立. 要证明式 ④ 对 $x \in \mathbf{R}$ 成立，通常要利用连续性. 本题未给出这一条件，但除式 ③ 外，还有一个重要的式 ①. 利用它可以得出想要的结果.

你可以考虑一下 $f((x+1)^2)$.

乙：我采用"算两次"的方法. 从两个方面来考虑：一方面，由式 ①，③，④ 知
$$f((x+1)^2)=(x+1)f(x+1)=(x+1)(f(x)+k)$$
$$⑤$$

另一方面，由式 ③，①，④ 知
$$f((x+1)^2)=f(x^2+2x+1)=xf(x)+2f(x)+k$$
$$⑥$$

比较两方面的结果得
$$f(x)=kx \qquad ⑦$$

怎样研究大学自主招生考试

第 2 章

§1 函数方程问题

由柯西方程出发可解决许多函数方程问题.

例1 (1) 求柯西函数方程
$f(x+y)=f(x)+f(y)(x,y\in \mathbf{R})$
的所有连续解.

(2) 证明:如果定义在 $\mathbf{R}$ 上的函数 f 满足柯西函数方程及下列条件之一:

1) f 在某个点 $x_0 \in \mathbf{R}$ 连续;
2) f 在某个区间 (a,b) 上有上界;
3) f 在 $\mathbf{R}$ 上单调.

那么 $f(x)=ax$,其中 a 为常数.

解 (1) 显然,函数 $f(x)=ax$(其中 a 为常数)连续并且满足柯西函数方程.下面我们证明:若连续函数 f 满足

Cauchy 函数方程

$$f(x+y) = f(x) + f(y) \quad (x, y \in \mathbf{R})$$

则 f 必有上述形式.

① 由 $f(x+y) = f(x) + f(y)$ 得 $f(2x) = 2f(x)(x \in \mathbf{R})$，于是可归纳地证明：对于任何正整数 n 有

$$f(nx) = nf(x) \quad (x \in \mathbf{R})$$

又由 $f(0+0) = f(0) + f(0)$ 可知还有 $f(0) = 0$.

② 由 $f(0) = f(x-x) = f(x) + f(-x)$ 以及 $f(0) = 0$ 可知

$$f(-x) = -f(x) \quad (x \in \mathbf{R})$$

③ 在刚才步骤①中证得的方程中用 $\dfrac{x}{n}(n \in \mathbf{N})$ 代替 x，可得 $f(x) = nf\left(\dfrac{x}{n}\right)$，所以

$$f\left(\frac{x}{n}\right) = \frac{1}{n}f(x)$$

④ 对于任何正有理数 $r = \dfrac{p}{q}(p, q \in \mathbf{N})$，有

$$f(rx) = f\left(\frac{p}{q}x\right) = pf\left(\frac{1}{q}x\right)$$
$$= p \cdot \frac{1}{q}f(x) = \frac{p}{q}f(x) = rf(x)$$

据此，对于负有理数 r，因为 $-r > 0$，所以 $-rf(x) = f(-rx)$；并且由步骤②，可知 $f(-rx) = -f(rx)$. 于是 $-rf(x) = -f(rx)$，从而对负有理数 r，也有 $f(rx) = rf(x)$. 将这些结果及 $f(0) = 0$ 合起来，我们得到：对于任何 $r \in \mathbf{Q}$

$$f(rx) = rf(x) \quad (x \in \mathbf{R})$$

⑤ 对于任何 $\alpha \in \mathbf{R}\backslash\mathbf{Q}$，存在无穷有理数列 $r_n(n \geqslant 0)$ 趋于 α. 于是由 f 的连续性得

$$f(\alpha x) = f((\lim_{n\to\infty} r_n)x) = \lim_{n\to\infty} f(r_n x)$$
$$= \lim_{n\to\infty} r_n f(x) = \alpha f(x).$$

⑥ 综上所证,对于任何实数 α 有
$$f(\alpha x) = \alpha f(x).$$

特别地,对于任何 $x \in \mathbf{R}$,我们有 $f(x) = f(x \cdot 1) = xf(1)$. 若记 $f(1) = a$,即得 $f(x) = ax$.

(2)(i) 只需证明 f 在 $\mathbf{R}$ 上连续,那么由本题(1)即知 $f(x) = ax$. 因为 f 满足柯西函数方程,所以由题(1)的证明可知:其中 ①～④ 在此都成立(因为它们的证明不依赖于 f 的连续性). 如果 f 在 x_0 连续,而无穷数列 $z_n(n \geqslant 1)$ 趋于 0,那么数列 $z_n + x_0$ 趋于 x_0,于是在方程
$$f(z_n + x_0) = f(z_n) + f(x_0)$$
中令 $n \to \infty$ 可知
$$f(x_0) = \lim_{n\to\infty} f(z_n) + f(x_0).$$
因此 $\lim_{n\to\infty} f(z_n) = 0$,即 f 在点 0 连续. 现在设 x 是任意实数,而且无穷数列 $x_n(n \geqslant 1)$ 趋于 x,那么数列 $x_n - x$ 趋于 0,于是由方程
$$f(x_n - x) = f(x_n) - f(x)$$
及 f 在点 0 的连续性得 $f(0) = \lim_{n\to\infty} f(x_n) - f(x)$,亦即 $\lim_{n\to\infty} f(x_n) = f(x)$. 因此 f 在任意点 $x \in \mathbf{R}$ 连续.

(ii) 设当 $x \in (a,b)$ 时,$f(x) \leqslant M$,并且 f 满足柯西函数方程. 我们首先证明:在题设条件下,函数 f 在每个区间 $(-\varepsilon, \varepsilon)(0 < \varepsilon < 1)$ 上有界. 为此考虑函数
$$g(x) = f(x) - f(1)x (x \in \mathbf{R})$$
注意 f 满足柯西函数方程,我们容易验证 g 也满足同一方程. 并且依题(1)证明中的 ④ 可知对于任何有理

Cauchy 函数方程

数 r 有 $g(r) = f(r) - f(1)r = f(r) - f(r) = 0$. 设 $x \in (-\varepsilon, \varepsilon)$，那么存在有理数 r 使得 $x + r \in (a, b)$. 于是
$$g(x) = g(x) + g(r) = g(x+r)$$
$$= f(x+r) - f(1)(x+r)$$
因此
$$g(x) \leqslant M + |f(1)| |b|$$
亦即 g 在 $(-\varepsilon, \varepsilon)$ 上有上界，从而
$$f(x) = g(x) + f(1)x \leqslant M + |f(1)|(|b|+\varepsilon)$$
$$\leqslant M + |f(1)|(|b|+1)$$
即 f 在同一区间上也有上界。另外，当 $x \in (-\varepsilon, \varepsilon)$ 时，$-x \in (-\varepsilon, \varepsilon)$，因此由 $f(x) = -f(-x)$ 推出 f 也有下界。因此，f 在 $(-\varepsilon, \varepsilon)$ 上有界（将此界记为 C）。

现在设 $x_n (n \geqslant 1)$ 是任意一个趋于 0 的无穷数列，那么我们可以选取一个发散到 $+\infty$ 的无穷有理数列 $r_n (n \geqslant 1)$，使 $x_n r_n \to 0 (n \to \infty)$. 例如，我们可取
$$r_n = \left[\frac{1}{\sqrt{x_n}}\right] + 1.$$
当 n 充分大时，所有 $x_n r_n \in (-1, 1)$，因此
$$|f(x_n)| = \left|f\left(\frac{1}{r_n} r_n x_n\right)\right| = \frac{1}{r_n} |f(r_n x_n)| \leqslant \frac{C}{r_n}$$
由此可知 $\lim_{n \to \infty} f(x_n) = 0 = f(0)$，即 f 在点 0 处连续。于是依本题 1) 得到所要的结论。

③ 设（例如）f 单调递增。注意本题 (1) 中证明的 ① ～ ④ 在此仍然有效。令
$$\mu = \begin{cases} 1 & (\text{若 } f(1) = 0) \\ \dfrac{1}{|f(1)|} & (\text{若 } f(1) \neq 0) \end{cases}$$

对于任给 ε>0，取正整数 n 使得 $\frac{1}{n} < \mu\varepsilon$. 由 f 的单调性可知：当 $|x|=|x-0|<\frac{1}{n}$，亦即 $-\frac{1}{n}<x<\frac{1}{n}$ 时

$$-\frac{1}{n}f(1)=f\left(-\frac{1}{n}\right)\leqslant f(x)\leqslant f\left(\frac{1}{n}\right)=\frac{1}{n}f(1)$$

由此可知 $f(1)>0$，因而 $\frac{f(1)}{n}<\mu\varepsilon f(1)=\varepsilon$，所以由上式得到 $-\varepsilon\leqslant f(x)\leqslant\varepsilon$，或 $|f(x)-f(0)|\leqslant\varepsilon$. 因此 f 在点 0 处连续. 于是依本题 1) 得到所要的结论.

例 2 设 S 是一个对加法封闭的实数集合，它不只含 0 一个元素；$f(x)$ 是一个定义在 S 上的单调递增的实值函数，并且满足方程

$$f(x+y)=f(x)+f(y)(x,y\in S)$$

证明：$f(x)=ax(x\in S)$，其中 a 是任意非负常数.

证明 本题是上一问题的(2)中③的推广，我们给出它的一个独立证明.

(1) 用归纳法可以证明：对于任何 $x\in S$，$f(nx)=nf(x)(n\in \mathbf{N})$. 设 x_0 是 S 中的任意一个非零元素，令 $a=\frac{f(x_0)}{x_0}$，则有

$$f(nx_0)=anx_0(n\in\mathbf{N})$$

(2) 设 x 是 S 的一个任意元素. 若 $x_0>0$，则可取正整数 n_0 使得 $x+n_0x_0>0$；若 $x_0<0$，则可取正整数 n_0 使得 $x+n_0x_0<0$. 因此总存在正整数 n_0 使得 $\alpha=\frac{x_0}{x+n_0x_0}>0$. 因为点列 $k\alpha(k\in\mathbf{Z})$ 将实数轴划分为无穷多个等长小区间，而任何一个正整数 n 必落在某个小区间 $[k\alpha,(k+1)\alpha)$ 中（其中 $k=k(n)$ 与 n 有关），从

Cauchy 函数方程

而
$$k\frac{x_0}{x+n_0x_0} \leqslant n < (k+1)\frac{x_0}{x+n_0x_0}$$

因为 $\alpha > 0$,所以当 n 足够大时 $k = k(n) > 0$. 将上面得到的不等式乘以 $x+n_0x_0$,无论 $x+n_0x_0 > 0$ 或 < 0,我们总能得到两个正整数 λ_n, μ_n,使得
$$\lambda_n x_0 \leqslant n(x+n_0x_0) \leqslant \mu_n x_0, \ |\lambda_n - \mu_n| = 1$$

于是
$$\frac{\lambda_n}{n}x_0 \leqslant x+n_0x_0 \leqslant \frac{\mu_n}{n}x_0$$

由此可知
$$\left|\frac{\lambda_n}{n}x_0 - (x+n_0x_0)\right| \leqslant \left|\frac{\lambda_n}{n}x_0 - \frac{\mu_n}{n}x_0\right|$$
$$= \frac{|\lambda_n - \mu_n|}{n}|x_0|$$
$$= \frac{1}{n}|x_n|$$

从而
$$\frac{\lambda_n}{n}x_0 \to x+n_0x_0 \ (n \to \infty)$$

类似地可证
$$\frac{\mu_n}{n}x_0 \to x+n_0x_0 \ (n \to \infty)$$

(3) 依据 f 的单调递增性,由 $\lambda_n x_0 \leqslant n(x+n_0x_0) \leqslant \mu_n x_0$(见步骤(2))推出
$$f(\lambda_n x_0) \leqslant f(n(x+n_0x_0)) \leqslant f(\mu_n x_0)$$

由此及(1)中结果可知
$$a\lambda_n x_0 \leqslant nf(x+n_0x_0) \leqslant a\mu_n x_0$$

于是

第 2 章　怎样研究大学自主招生考试

$$a\frac{\lambda_n}{n}x_0 \leqslant f(x+n_0 x_0) \leqslant a\frac{\mu_n}{n}x_0$$

令 $n \to \infty$,注意(2)中所证结果,我们得到

$$f(x+n_0 x_0) = a(x+n_0 x_0)$$

因此

$$\begin{aligned}f(x) &= f((x+n_0 x_0)-n_0 x_0)\\&= f(x+n_0 x_0)-f(n_0 x_0)\\&= a(x+n_0 x_0)-an_0 x_0 = ax\end{aligned}$$

此外,由于 f 单调递增,所以常数 $a > 0$.

例 3　求 Jensen 函数方程

$$f\left(\frac{x+y}{2}\right) = \frac{f(x)+f(y)}{2}(x,y \in (a,b))$$

的所有在区间 (a,b) 上的连续解.

解　(1) 我们首先证明:在每个闭区间 $[\alpha,\beta] \subseteq (a,b)$ 上 f 为线性函数.

我们断言:当 $k = 0,1,2,\cdots,2^n (n \in \mathbf{N})$ 时,有

$$f\left(\alpha + \frac{k}{2^n}(\beta-\alpha)\right) = f(\alpha) + \frac{k}{2^n}(f(\beta)-f(\alpha))$$

下面对 n 用数学归纳法来进行证明.

注意 $f\left(\alpha + \frac{1}{2}(\beta-\alpha)\right) = f\left(\frac{1}{2}(\alpha+\beta)\right)$,由所给函数方程得到

$$f\left(\alpha + \frac{1}{2}(\beta-\alpha)\right) = f(\alpha) + \frac{1}{2}(f(\beta)-f(\alpha))$$

类似地还有

$$\begin{aligned}f\left(\alpha + \frac{1}{4}(\beta-\alpha)\right) &= f\left(\frac{\alpha + \frac{\alpha+\beta}{2}}{2}\right)\\&= \frac{1}{2}f(\alpha) + \frac{1}{2}f\left(\frac{\alpha+\beta}{2}\right)\end{aligned}$$

47

Cauchy 函数方程

$$= \frac{1}{2}f(\alpha) + \frac{1}{4}(f(\alpha) + f(\beta))$$

$$= f(\alpha) + \frac{1}{4}(f(\beta) - f(\alpha))$$

以及

$$f\left(\alpha + \frac{3}{4}(\beta - \alpha)\right) = f\left(\frac{1}{2}\beta + \frac{1}{2}\left(\alpha + \frac{1}{2}(\beta - \alpha)\right)\right)$$

$$= \frac{1}{2}f(\beta) + \frac{1}{2}f\left(\alpha + \frac{1}{2}(\beta - \alpha)\right)$$

$$= f(\alpha) + \frac{3}{4}(f(\beta) - f(\alpha))$$

由这些等式即可推出对 $n=1, k=0,1,2$,以及 $n=2$, $k=0,1,2,3,4$,上述断言成立. 现在令 $m \geqslant 2$,并设上述断言对任何 $n \leqslant m, k=0,1,2,\cdots,2^n$ 成立,要证明它对 $n=m+1, k=0,1,2,\cdots,2^{m+1}$ 成立. 事实上,若 $k=2t, t=0,1,2,\cdots,2^m$,则由归纳假设

$$f\left(\alpha + \frac{k}{2^{m+1}}(\beta - \alpha)\right) = f\left(\alpha + \frac{t}{2^m}(\beta - \alpha)\right)$$

$$= f(\alpha) + \frac{t}{2^m}(f(\beta) - f(\alpha))$$

$$= f(\alpha) + \frac{k}{2^{m+1}}(f(\beta) - f(\alpha))$$

类似地,若 $k = 2t+1, t = 0,1,2,\cdots,2^m - 1$,则

$$f\left(\alpha + \frac{k}{2^{m+1}}(\beta - \alpha)\right)$$

$$= f\left(\frac{1}{2}\left(\alpha + \frac{t}{2^{m-1}}(\beta - \alpha)\right) + \frac{1}{2}\left(\alpha + \frac{1}{2^m}(\beta - \alpha)\right)\right)$$

$$= \frac{1}{2}f\left(\alpha + \frac{t}{2^{m-1}}(\beta - \alpha)\right) + \frac{1}{2}f\left(\alpha + \frac{1}{2^m}(\beta - \alpha)\right)$$

$$= f(\alpha) + \frac{k}{2^{m+1}}f((\beta) - f(\alpha))$$

因此上述断言对 $n=m+1, k=0,1,2,\cdots,2^{m+1}$ 确实成立. 于是我们的上述断言得证.

因为 $\dfrac{k}{2^n}(k=0,1,2,3,\cdots,2^n)$ 形式的数在 $[0,1]$ 中稠密(见本题后的注), 所以由上述断言中的等式和 f 的连续性推出: 对于 $t \in [0,1]$ 有
$$f(\alpha+t(\beta-\alpha))=f(\alpha)+t(f(\beta)-f(\alpha))$$
记 $x=\alpha+t(\beta-\alpha)$, 则当 $t\in[0,1]$ 时, $x\in[\alpha,\beta]$, 并且由上式得
$$f(x)=f(\alpha)+\frac{f(\beta)-f(\alpha)}{\beta-\alpha}(x-\alpha)$$

(2) 由题设可知 f 在点 a 和点 b 的相应的单侧极限 $f(a+)$ 和 $f(b-)$ 存在, 并且
$$(a,b)=\bigcup_{n=1}^{\infty}[\alpha_n,\beta_n]$$
其中, $\{\alpha_n\}$ 是 (a,b) 中任一个收敛于 a 的递减点列, $\{\beta_n\}$ 是同一区间中任一收敛于 b 的递增点列. 于是对于任何 $x\in(a,b)$, 存在 $n_0\in\mathbf{N}$, 使得 $x\in[\alpha_n,\beta_n]$ ($n\geqslant n_0$). 依(1)中所证, 我们有
$$f(x)=f(\alpha_n)+\frac{f(\beta_n)-f(\alpha_n)}{\beta_n-\alpha_n}(x-\alpha_n)(n\geqslant n_0)$$
令 $n\to\infty$, 即得
$$f(x)=f(a+)+\frac{f(b-)-f(a+)}{\beta-\alpha}(x-\alpha)$$
容易验证这种形式的函数 f 确实满足题中的函数方程.

注 上面解法2中用到数列 $\dfrac{k}{2^n}(k=0,1,\cdots,2^n)$ 在 $[0,1]$ 中的稠密性, 其证如下. 设 $x\in[0,1]$ 任意给定. 对于任意给定的 $\varepsilon>0$(不妨认为 $\varepsilon<1$), 可取 $n\in\mathbf{N}$,

使得 $\frac{1}{2^n} < \varepsilon$. 将区间 $[0,1]$ 分为 2^n 等份, 那么 x 或者落在某个长为 $\frac{1}{2^n}$ 的小区间 $\left[\frac{k}{2^n}, \frac{k+1}{2^n}\right]$ 中, 其中 k 是 $\{0, 1, \cdots, 2^n - 1\}$ 中的某个数, 或者落在最后一个小区间 $\left[\frac{2^n - 1}{2^n}, 1\right]$ 中. 于是 $\left|\frac{k}{2^n} - x\right| \leqslant \frac{1}{2^n} < \varepsilon$. 因此在 x 的任何 ε 邻域中总存在一个形如 $\frac{k}{2^n}(k = 0, 1, \cdots, 2^n)$ 的数.

因为任何一个实数 $x > 0$ 必落在区间 $[[x], [x]+1]$ 中, 数列 $\frac{k}{2^n}(k = [x], [x]+1, \cdots, [x]+2^n)$ 在 $[[x], [x]+1]$ 中稠密, 所以数列 $\frac{k}{2^n}(k, n \in \mathbf{N})$ 在 $\mathbf{R}_+$ 中稠密.

同理, 数列 $\pm \frac{k}{2^n}(k, n \in \mathbf{N})$ 在 $\mathbf{R}$ 中稠密.

例 4 求出所有满足方程
$$f(x+y) + g(xy) = h(x) + h(y) (x, y \in \mathbf{R}_+)$$
的连续函数 f, g, h.

解 (1) 在函数方程中令 $y = 1$ 可得
$$g(x) = h(x) - f(x+1) + h(1)(x > 0)$$
易 x 为 xy, 则有
$$g(xy) = h(xy) - f(xy+1) + h(1)$$
将它代入原函数方程, 我们得到只含函数 f 和 h 的方程
$$h(x) + h(y) - h(xy)$$
$$= f(x+y) - f(xy+1) + h(1)$$
(2) 令 $H(x, y) = h(x) + h(y) - h(xy)$, 直接验证可知
$$H(xy, z) + H(x, y) = H(x, yz) + H(y, z)$$

并且由(1)中结果得知
$$H(x,y)=f(x+y)-f(xy+1)+h(1)$$
将上式代入前式,可得到只含有一个函数 f 的方程
$$f(xy+z)-f(xy+1)+f(yz+1)$$
$$=f(x+yz)+f(y+z)-f(x+y)(x,y,z\in \mathbf{R}_+)$$
注意 f 在 $\mathbf{R}_+$ 上连续,在此式两边令 $z\to 0^+$,即得
$$f(xy)-f(xy+1)+f(1)$$
$$=f(x)+f(y)-f(x+y)$$
(3) 引进函数
$$\phi(t)=f(t)-f(t+1)+f(1)(t>0)$$
$$F(x,y)=f(x)+f(y)-f(x+y)$$
那么容易直接验证
$$F(x+y,z)+F(x,y)$$
$$=F(x,y+z)+F(y,z)(x,y,z\in \mathbf{R}_+)$$
并且由(2)中所得结果得知
$$F(x,y)=\phi(xy)$$
将上式代入前式,我们推出
$$\phi(xz+yz)+\phi(xy)$$
$$=\phi(xy+xz)+\phi(yz)(x,y,z\in \mathbf{R}_+)$$
在其中令 $z=\dfrac{1}{y}$,并记
$$u=\dfrac{x}{y},v=xy$$
则得
$$\phi(u+1)+\phi(v)=\phi(u+v)+\phi(1)$$
显然当 $x,y>0$ 时,$u,v>0$,反之,若给定 $u,v>0$,则存在 $x,y>0$ 使得 $\dfrac{x}{y}=u,xy=v$,因此上式对所有 $u,v>0$ 成立.

Cauchy 函数方程

(4) 在上式中交换 u,v 的位置（即易 u 为 v，同时易 v 为 u）可得 $\phi(v+1)+\phi(u)=\phi(u+v)+\phi(1)$，因此
$$\phi(u+1)+\phi(v)=\phi(v+1)+\phi(u)(u,v>0)$$
在式中令 $v=1$ 得
$$\phi(u+1)=\phi(u)+\phi(2)-\phi(1)$$
将它代入 (3) 中得到的方程，我们有
$$\phi(u+v)=\phi(u)+\phi(v)+\phi(2)-2\phi(1)(u,v>0)$$
记 $\phi_1(t)=\phi(t)+\phi(2)-2\phi(1)$，则上式可化为
$$\phi_1(u+v)=\phi_1(u)+\phi_1(v)(u,v>0)$$
这是柯西函数方程，它有连续解 $\phi_1(t)=\alpha t$，因此
$$\phi(t)=\alpha t+\beta(t>0)$$
其中 α,β 是常数. 由此及关系式 $\phi(xy)=F(x,y)$，我们从 $F(x,y)$ 的定义得到
$$\alpha xy+\beta=f(x)+f(y)-f(x+y)$$
因为 $xy=\dfrac{(x+y)^2}{2}-\dfrac{x^2}{2}-\dfrac{y^2}{2}$，所以上式可化为
$$\left(f(x+y)+\frac{\alpha}{2}(x+y)^2-\beta\right)$$
$$=\left(f(x)+\frac{\alpha}{2}x^2-\beta\right)+\left(f(y)+\frac{\alpha}{2}y^2-\beta\right)$$
记 $f_1(t)=f(t)+\dfrac{\alpha}{2}t^2-\beta$，则得
$$f_1(x+y)=f_1(x)+f_1(y)$$
我们再次得到柯西函数方程，因此 $f_1(t)=\gamma t$（其中 γ 是常数），从而
$$f(x)=-\frac{\alpha}{2}x^2+\gamma x+\beta$$

(5) 将 f 的这个表达式代入 (1) 中所得的（只含 f 和 h 的）方程，我们有

第 2 章　怎样研究大学自主招生考试

$$h(x)+h(y)-h(xy) = -\frac{\alpha}{2}(x^2-y^2-(xy)^2)+$$
$$\gamma(x+y-xy)+\frac{\alpha}{2}-\gamma+h(1)$$

记 $h_1(t) = h(t)+\frac{\alpha}{2}t^2-\gamma t-\delta$（其中 $\delta = \frac{\alpha}{2}-\gamma+h(1)$），上式化为

$$h_1(x) = h_1(y) = h_1(xy)\,(x,y>0)$$

对于 $x,y>0$，可取实数 t,s 使得 $x=\mathrm{e}^t, y=\mathrm{e}^s$，并定义函数 $r(t)=h_1(\mathrm{e}^t)$. 那么 $r(t)$ 是 t 的连续函数，并且上述函数方程化为柯西函数方程

$$r(t)+r(s)=r(t+s)\,(t,s\in \mathbf{R}_+)$$

因此它有唯一连续解 $r(t)=\tau t\,(t>0)$（其中 τ 为常数）. 由 $x=\mathrm{e}^t$ 得 $t=\ln x$，所以 $h_1(x)=r(\ln x)=\tau\ln x$. 因此

$$h(x) = -\frac{\alpha}{2}x^2+\gamma x+\tau\ln x+\delta$$

最后，将上面得到的 f 和 h 的表达式代入 $g(x)=h(x)-f(x+1)+h(1)$（见(1)），可求出

$$g(x) = \tau\ln x+\alpha x+2\delta-\beta$$

(6) 上面的证明给出了原函数方程的解只可能具有的形式；我们可以直接验证对于任意给定的常数 α，β,γ,δ,τ，上述形式的函数 f,g,h 确实满足题中的方程. 因此我们得到了方程的全部解.

例 5　求出所有在 $(0,\infty)$ 上连续的正函数 f，它们满足下列条件：每当实数 $a,b,c\in(0,\infty)$ 满足 $ab+bc+ca=1$ 时，即有

$$f(a)+f(b)+f(c)=f(a)f(b)f(c)$$

解　(1) 设 f 是题中函数方程的解. 对于 $a,b,c\in$

Cauchy 函数方程

$(0, \infty)$，我们定义

$$x, y, z, u, v, w \in \left(0, \frac{\pi}{2}\right)$$

如下

$$x = \arctan a, y = \arctan b, z = \arctan c$$
$$u = \arctan f(a), v = \arctan f(b), w = \arctan f(c)$$

那么

$$ab + bc + ca = 1 \Leftrightarrow c = \frac{1-ab}{a+b} \Leftrightarrow$$

$$\tan z = \frac{1 - \tan x \tan y}{\tan x + \tan y} \Leftrightarrow$$

$$\tan z = \cot(x + y) \Leftrightarrow x + y + z = \frac{\pi}{2}$$

还要注意，如果 $f(a) + f(b) + f(c) = f(a)f(b)f(c)$，那么 $f(a)f(b) \neq 1$. 这是因为，不然我们将有 $f(b) = \frac{1}{f(a)}$，以及 $f(a) + f(b) + f(c) = f(c)$，也就是 $f(a) + f(b) = 0$，从而 $f(a) + \frac{1}{f(a)} = 0$，这与 $f(a) > 0$ 矛盾. 于是我们有

$$f(a) + f(b) + f(c) = f(a)f(b)f(c) \Leftrightarrow$$

$$f(c) = -\frac{f(a) + f(b)}{1 - f(a)f(b)} \Leftrightarrow$$

$$\tan w = -\frac{\tan u + \tan v}{1 - \tan u \tan v} \Leftrightarrow$$

$$\tan w = -\tan(u+v) \Leftrightarrow u + v + w = \pi$$

(2) 定义函数

$$h(t) = \arctan(f(\tan t)) \left(0 < t < \frac{\pi}{2}\right)$$

因为 f 在 $(0, \infty)$ 上连续，所以 h 在 $\left(0, \frac{\pi}{2}\right)$ 上连续. 题中

54

第 2 章 怎样研究大学自主招生考试

关于 f 的函数方程可改写为

$$h(x)+h(y)+h(z)=\pi \;(\text{当}\; x+y+z=\frac{\pi}{2})$$

因为当 $x,y,x+y \in \left(0,\frac{\pi}{2}\right)$ 时

$$h\left(\frac{\pi}{2}-x-y\right)=\pi-h(x)-h(y)$$

(3) 我们进一步定义函数

$$H(t)=h\left(\frac{\pi}{6}-t\right)-\left(\frac{\pi}{3}+t\right)\;\left(-\frac{\pi}{3}<t<\frac{\pi}{6}\right)$$

那么

$$h(t)=H\left(\frac{\pi}{6}-t\right)+\left(\frac{\pi}{2}-t\right)$$

我们还有

$$H(x+y)=h\left(\frac{\pi}{6}-x-y\right)-\left(\frac{\pi}{3}+x+y\right)$$
$$=h\left(\frac{\pi}{2}-\left(x+\frac{\pi}{6}\right)-\left(y+\frac{\pi}{6}\right)\right)-$$
$$\left(\frac{\pi}{3}+x+y\right)$$

由(2)中所得的关系式可知

$$\text{上式右边}=\pi-h\left(x+\frac{\pi}{6}\right)-$$
$$h\left(y+\frac{\pi}{6}\right)-\left(\frac{\pi}{3}+x+y\right)$$
$$=\pi-\left(H(-x)+\left(\frac{\pi}{3}-x\right)\right)-$$
$$\left(H(-y)+\left(\frac{\pi}{3}-y\right)\right)-$$
$$\left(\frac{\pi}{3}+x+y\right)=-H(-x)-H(-y)$$

Cauchy 函数方程

因此我们得到关系式
$$H(x+y) = -H(-x) - H(-y)$$
在其中令 $x=y=0$,得到 $H(0)=0$. 由此以及 $H(-x+x) = -H(x) - H(-x)$ 推出 $H(x) = -H(-x)$. 于是
$$-H(-x) - H(-y) = H(x) + H(y).$$
因此函数 H 满足柯西函数方程
$$H(x+y) = H(x) + H(y)$$

(4) 因为 $h(t)$ 在 $\left(0, \dfrac{\pi}{2}\right)$ 上连续,所以由例1(2)可知 $H(t) = mt$,其中 m 是某个数,所以
$$h(t) = m\left(\dfrac{\pi}{6} - t\right) + \left(\dfrac{\pi}{2} - t\right) = \dfrac{\pi}{6}(k+2) - kt$$
其中 $k=m+1$. 我们选取 k 使得保证函数 h 的定义域和值域都是区间 $\left(0, \dfrac{\pi}{2}\right)$,因此 k 必须满足
$$0 \leqslant \dfrac{\pi}{6}(k+2) \leqslant \dfrac{\pi}{2}$$
并且
$$0 \leqslant \dfrac{\pi}{6}(k+2) - \dfrac{k\pi}{2} \leqslant \dfrac{\pi}{2}$$
由此得到 $-\dfrac{1}{2} \leqslant k \leqslant 1$. 于是我们最终得到
$$f(t) = f(t;k) = \tan\left(\dfrac{\pi}{6}(k+2) - k\arctan t\right)$$
其中 $k \in \left[-\dfrac{1}{2}, 1\right]$. 同时我们可以验证这种形式的函数确实符合要求. 一些简单的例子: $f(t;0) = \sqrt{3}$(常数函数); $f(t;1) = \dfrac{1}{t}$; $f\left(t; -\dfrac{1}{2}\right) = t + \sqrt{t^2+1}$.

例6 给定大于1的整数 k,记 $\mathbf{R}$ 为全体实数组成

的集合,求所有函数 $f:\mathbf{R} \to \mathbf{R}$,使得对 $\mathbf{R}$ 中的一切 x 和 y,都有
$$f[x^k + f(y)] = y + [f(x)]^k \qquad (*)$$

分析 显见 $f(x) = x$ 是一解,且 k 为奇数时,$f(x) = -x$ 亦为一解,故可设法证明无其余的解,为此,应首先将原方程尽量化简为熟知的,如柯西方程 $f(x+y) = f(x) + f(y)$ 等.在解题过程中要分奇偶讨论等.

解 设 $f(0) = a$,令 $x = 0$,则由(*)有
$$f[f(y)] = y + a^k \qquad ①$$
用 $f(y)$ 代替式中的 y,可得
$$f[x^k + f(f(y))] = f(y) + [f(x)]^k \qquad ②$$
由式 ① 可知,式 ② 即为
$$f(x^k + y + a^k) = f(y) + [f(x)]^k \qquad ③$$
所以
$$\begin{aligned}
f[f(x^k + y + a^k)] &= f[f(y) + (f(x))^k] \\
&\stackrel{(*)}{=} y + [f(f(x))]^k \\
&\stackrel{①}{=} y + (x + a^k)^k
\end{aligned}$$
而由式 ① 有
$$\begin{aligned}
f[f(x^k + y + a^k)] &= (x^k + y + a^k) + a^k \\
&= x^k + y + 2a^k
\end{aligned}$$
所以
$$x^k + 2a^k \equiv (x + a^k)^k \quad (x \in \mathbf{R})$$
所以 $a^k = 0$,即 $a = 0$,即 $f(0) = 0$,所以由式 ① 可知
$$f(f(x)) = x \qquad ④$$
而
$$f(x+y) \stackrel{④}{=} f(x + f(f(y)))$$

Cauchy 函数方程

$$= f[(x^{\frac{1}{k}})^k + f(f(y))]$$
$$\stackrel{(*)}{=} f(y) + f[(x^{\frac{1}{k}})]^k \qquad ⑤$$

其中 k 为偶数时,限制 $x \in \mathbf{R}_+ \cup \{0\}$.

如下分两种情形讨论:

（Ⅰ）k 为偶数.

由式⑤可知,$f(x)$ 在 $\mathbf{R}$ 上单调递增,若存在 $x_0 \in \mathbf{R}, f(x_0) \neq x_0$,则:

若 $x_0 < f(x_0)$ 时,有 $x_0 < f(x_0) \stackrel{④}{\leqslant} f(f(x_0)) = x_0$,矛盾;

若 $x_0 > f(x_0)$ 时,有 $x_0 > f(x_0) \stackrel{④}{\geqslant} f(f(x_0)) = x_0$,矛盾.

所以不存在 $x_0 \in \mathbf{R}$,使 $f(x_0) \neq x_0$,即对一切 $x \in \mathbf{R}$,有 $f(x) = x$.

（Ⅱ）k 为奇数.

在式（*）中令 $y = 0$,有
$$f(x^k) = (f(x))^k$$

从而
$$(f(x^{\frac{1}{k}}))^k = f(x) (x \in \mathbf{R}) \qquad ⑥$$

所以由式⑤,⑥有
$$f(x+y) = f(x) + f(y) \qquad ⑦$$

由式⑦,据例 1 的分析可知对任意有理数 a,有
$$f(ax) = af(x) \text{ 且 } \forall x \in \mathbf{R}, f(x) + f(-x) = 0 \qquad ⑧$$

由式⑥,⑦有
$$f((a+x)^k) \stackrel{⑥}{=} (f(a+x))^k \stackrel{⑦}{=} (f(a) + f(x))^k$$

从而
$$f\left[\sum_{s=0}^{k} C_k^s a^s x^{k-s}\right] = \sum_{s=0}^{k} C_k^s (f(a))^s (f(x))^{k-s}$$

由式 ⑦,⑧ 及上式可知,对任意有理数 a,有

$$\sum_{s=0}^{k} C_k^s t^s f(x^{k-s}) \stackrel{⑥}{=} \sum_{s=0}^{k} C_k^s f(t^s) \cdot (f(x))^{k-s}$$
$$= \sum_{s=0}^{k} C_k^s f(t^s \cdot 1^s) \cdot (f(x))^{k-s}$$
$$\stackrel{⑧}{=} \sum_{s=0}^{k} C_k^s t^s (f(1^s)) \cdot (f(x))^{k-s}$$
$$\stackrel{⑥}{=} \sum_{s=0}^{k} C_k^s t^s (f(1))^s \cdot (f(x))^{k-s} \quad ⑨$$

从而

$$f(x^{k-s}) = (f(1))^s \cdot (f(x))^{k-s} \ (s \in \{0,1,\cdots,k\}) \ ⑩$$

令 $s=k, x=1$,有

$$f(1) = (f(1))^k \qquad ⑪$$

即

$$(f(1))^{k-1} = 1 \qquad ⑫$$

因为 $k-1$ 是偶数,所以 $f(1) = \pm 1$.

(1) 若 $f(1) = 1$,则由式 ⑩ 有

$$f(x^{k-s}) = (f(x))^{k-s}$$

令 $s = k-2 \geqslant 2$,则 $f(x^2) = (f(x))^2$,所以 $x > 0$ 时,$f(x) \geqslant 0$,由式 ⑤ 知 $f(x)$ 在 $\mathbf{R}$ 上单调递增,则同(Ⅰ)易得 $f(x) = x$.

(2) 若 $f(1) = -1$,则由式 ⑩ 有

$$f(x^{k-s}) = (-1)^s \cdot (f(x))^{k-s}$$

令 $s = k-2$ 为奇数,则有

$$f(x^2) = -(f(x))^2$$

由式 ⑤ 知 $f(x)$ 在 $\mathbf{R}$ 上单调递减,令 $g(x) = -f(x)$.

所以

$$g(x) = f(-x)$$

所以 $g(x)$ 在 $\mathbf{R}$ 上单调递增,且

Cauchy 函数方程

$$g(g(x)) = -f(-f(x)) = f(f(x)) = x$$

同（Ⅰ）可得

$$g(x) = x$$

所以

$$f(x) = -g(x) = -x$$

经检验 $f(x) = x(k \in \mathbf{N}_+, k \geq 2)$ 以及 $f(x) = -x(k \geq 3, k$ 为奇数$)$ 均为原方程的解.

综上所述，原方程的解为

$$\begin{cases} f(x) = x & (k \text{ 为偶数}) \\ f(x) = x \text{ 或 } f(x) = -x & (k \text{ 为奇数}) \end{cases}$$

下面再介绍几个简单问题.

例7 （2012年第23届"希望杯"全国数学邀请赛高中一年级第二试最后一题）已知函数 $f: \mathbf{R} \to \mathbf{R}$ 满足：

(1) $f(m+n) = f(m) + f(n) - 1$；

(2) 当 $x > 0$ 时，$f(x) > 1$.

解答以下问题：

1）求证：$f(x)$ 是增函数；

2）若 $f(2\,012) = 6\,037$，解不等式 $f(a^2 - 8a + 13) < 4$.

证明 本题如将其视为抽象函数，那么其单调性便不能用通常的导数方法，只能用定义.

设 $x_2 - x_1 = \Delta x > 0, x_2 = x_1 + \Delta x$. 由条件(1)得

$$f(x_2) = f(x_1 + \Delta x) = f(x_1) + f(\Delta x) - 1$$

再由条件(2)知：$f(\Delta x) > 1$.

故 $f(x_2) > f(x_1)$ 成立，即 $f(x)$ 是 $\mathbf{R}$ 上的增函数.

其实我们可以由柯西方法将 $f(x)$ 解出来，变成一个具体函数.

将条件(1)变形为
$$f(m+n)-1=[f(m)-1]+[f(n)-1] \quad ⑬$$
设 $g(x)=f(x)-1$,则式 ⑬ 可变为
$$g(m+n)=g(m)+g(n)$$

由柯西方程解法知:$g(x)=cx$,$c=f(0)=1$. 故 $g(x)=x$. 所以 $f(x)=x+1$. 它显然是增函数,且问题 2) 也变成简单的计算.

为了更好地理解这种方法,再举一个例子.

例 8 已知函数 $f(t)$ 对任意实数 x,y,都有 $f(x+y)=f(x)+f(y)+3xy(x+y+2)+k(x+y)+3$,$k$ 为常数,且 $f(1)=1,f(2)=17$. 求 $f(x)$ 的解析式.

解 令 $x=1,y=1$,得
$$f(2)=f(1)+f(1)+12+2k+3$$
由 $f(1)=1,f(2)=17$,得 $k=0$. 所以
$$f(x+y)=f(x)+f(y)+3xy(x+y+2)+3$$
将其变形为
$$f(x+y)-(x+y)^3-3(x+y)^2+3$$
$$=[f(x)-x^3-3x^2+3]+$$
$$[f(y)-y^3-3y^2+3]$$
设 $g(x)=f(x)-x^3-3x^2+3$,则上式可变为
$$g(x+y)=g(x)+g(y)$$

由柯西方程可知:$g(x)=g(1)x$. 由 $f(1)=1$ 知 $g(1)=0$,故
$$f(x)=x^3+3x^2-3$$

例 9 已知函数 $f(t)$ 对任意实数 x,y 都有 $f(x+y)=f(x)+f(y)+3xy(x+y+2)+k(x+y)+3$,$k$ 为常数,且 $f(1)=1,f(2)=17$.

Cauchy 函数方程

(1) 若 t 为正整数,求 $f(t)$ 的解析式.

(2) 求满足条件 $f(t)=t$ 的所有整数 t,能否构成等差数列?若能构成等差数列,求出此数列,若不能构成等差数列,请说明理由.

(3) 若 t 为正整数,且 $t \geqslant 4$ 时,$f(t) \geqslant mt^2 + (4m+1)t + 3m$ 恒成立,求 m 的最大值.

解 (1) 因为
$$f(x+y)=f(x)+f(y)+3xy(x+y+2)+k(x+y)+3$$
令 $x=1, y=1$,得
$$f(2)=f(1)+f(1)+12+2k+3$$
由 $f(1)=1, f(2)=17$,得 $k=0$,所以
$$f(x+y)=f(x)+f(y)+3xy(x+y+2)+3$$
所以
$$f(t+1)=f(t)+f(1)+3t^2+9t+3$$
当 t 为正整数时,让 t 从 $1,2,\cdots,t-1$ 取值有
$$f(t)=f(t-1)+f(1)+3(t-1)^2+9(t-1)+3$$
$$f(t-1)=f(t-2)+f(1)+3(t-2)^2+9(t-2)+3$$
$$\vdots$$
$$f(3)=f(2)+f(1)+3\times 2^2+9\times 2+3$$
$$f(2)=f(1)+f(1)+3\times 1^2+9\times 1+3$$
将以上 $t-1$ 个等式叠加得
$$f(t)=tf(1)+3[1^2+2^2+3^2+\cdots+(t-1)^2]+9[1+2+3+\cdots+(t-1)]+3(t-1)$$
$$=t\cdot 1+3\cdot\frac{(t-1)t(2t-1)}{6}+9\cdot\frac{(1+t-1)(t-1)}{2}+3\cdot(t-1)$$
$$=t^3+3t^2-3$$

当 t 为正整数时,$f(t)$ 的解析式为
$$f(t) = t^3 + 3t^2 - 3 \ (t \in \mathbf{N}_+)$$
(2) 当 $t \in \mathbf{N}_+$ 时,$f(t) = t^3 + 3t^2 - 3$.

当 $t = 0$ 时,在
$$f(x+y) = f(x) + f(y) + 3xy(x+y+2) + 3$$
中,令 $x = y = 0$,知
$$f(0) = f(0) + f(0) + 3$$
得,$f(0) = -3$. 当 $t \in \mathbf{Z}_-$ 时,$-t \in \mathbf{N}_+$,由
$$f(x+y) = f(x) + f(y) + 3xy(x+y+2) + 3$$
知
$$f(0) = f(t-t) = f(t) + f(-t) - 6t^2 + 3$$
得
$$\begin{aligned} f(t) &= -f(-t) + 6t^2 - 6 \\ &= -[(-t)^3 + 3(-t)^2 - 3] + 6t^2 - 6 \\ &= t^3 + 3t^2 - 3 \end{aligned}$$

综上可知,当 $t \in \mathbf{Z}$ 时,$f(t) = t^3 + 3t^2 - 3$.

因为 $\quad\quad\quad f(t) = t$

所以 $\quad\quad\quad t^3 + 3t^2 - 3 = t$

所以 $\quad\quad\quad t^3 + 3t^2 - t - 3 = 0$

所以 $\quad\quad\quad (t^3 - t) + 3(t^2 - 1) = 0$

即 $\quad\quad\quad (t-1)(t+1)(t+3) = 0$

解得 $t_1 = 1, t_2 = -1, t_3 = -3$.

因为 $t_1 + t_3 - 2t_2 = 1 - 3 - 2 \times (-1) = 0$,所以 t_1, t_2, t_3 成等差数列,此数列为 $1, -1, -3$ 或 $-3, -1, 1$.

(3) 当 $t \in \mathbf{N}_+$ 时
$$f(t) = t^3 + 3t^2 - 3$$
由 $f(t) \geqslant mt^2 + (4m+1)t + 3m$ 恒成立知
$$t^3 + 3t^2 - t - 3 \geqslant m(t^2 + 4t + 3)$$

Cauchy 函数方程

所以 $(t-1)(t+1)(t+3) \geqslant m(t+1)(t+3)$

所以 $(t-1-m)(t+1)(t+3) \geqslant 0$

因为 $t \geqslant 4$，所以 $(t+1)(t+3) > 0$. 所以 $t-1-m \geqslant 0$ 恒成立，所以 $t-1 \geqslant m$ 恒成立.

因为 $t \geqslant 4$，所以 $t-1 \geqslant 3$，因此 $m \leqslant 3$. 所以 m 的最大值是 3.

如不用柯西方程法，例 7 可用如下方法解：

解 （1）设 $x_1 < x_2$，则 $x_2 - x_1 > 0$，所以 $f(x_2 - x_1) > 0$，所以

$$f(x_2) = f[(x_2 - x_1) + x_1]$$
$$= f(x_2 - x_1) + f(x_1) > f(x_1)$$

即 $f(x_1) < f(x_2)$，所以 $f(x)$ 在 **R** 上是增函数.

（2）令 $m = 1$，则

$$f(n+1) = f(n) + f(1) - 1$$

所以

$$f(n+1) - f(n) = f(1) - 1$$

所以

$$f(2\,012) - f(2\,011) = f(1) - 1$$
$$f(2\,011) - f(2\,010) = f(1) - 1$$
$$\vdots$$
$$f(2) - f(1) = f(1) - 1$$

将上面各式相加，得

$$f(2\,012) - f(1) = 2\,001 f(1) - 2\,011$$

因为 $f(2\,012) = 6\,037$，所以 $f(1) = 4$，故不等式

$$f(a^2 - 8a + 13) < 4 \Leftrightarrow$$
$$f(a^2 - 8a + 13) < f(1) \Leftrightarrow$$
$$a^2 - 8a + 13 < 1 \Leftrightarrow$$
$$a^2 - 8a + 12 < 0$$

所以 $2 < a < 6$.

本题还可产生一些变式：

变式 1 已知函数 $f(x)$ 对任意实数 x,y 满足 $f(x-y) = f(x) - f(y)$ 且当 $x < 0$ 时，$f(x) > 0$，$f(1) = -3$，求 $f(x)$ 在区间 $[-2,3]$ 上的值域．

解 设 $x_1 < x_2$，则 $x_1 - x_2 < 0$，所以
$$f(x_1 - x_2) = f(x_1) - f(x_2) > 0$$
即 $f(x_1) > f(x_2)$．

从而函数 $f(x)$ 在 $(-\infty, +\infty)$ 为减函数．

因为 $f(1) = -3$，所以
$$f(2-1) = f(2) - f(1)$$
得 $f(2) = 2f(1) = -6$，$f(3-2) = f(3) - f(2)$

得 $\quad f(3) = f(2) + f(1) = -9$

又 $\quad f(0) = f(0-0) = f(0) - f(0) = 0$

所以
$$f(-x) = f(0-x) = f(0) - f(x) = -f(x)$$

所以 $f(x)$ 为奇函数，所以 $f(-2) = -f(2) = 6$．

故 $f(x)$ 在区间 $[-2,3]$ 上的值域是 $[-9,6]$．

变式 2 函数 $f(x)$ 对任意实数 x,y，满足 $f(x+y) = f(x)f(y)$，且当 $x > 0$ 时，$f(x) < 1$，试判断函数 $f(x)$ 在 **R** 上的单调性．

解 有
$$f(x) = f\left(\frac{x}{2} + \frac{x}{2}\right) = f\left(\frac{x}{2}\right)f\left(\frac{x}{2}\right) > 0$$

设 $x_1 < x_2$，则 $x_2 - x_1 > 0$，所以 $0 < f(x_2 - x_1) < 1$．所以
$$f(x_2) = f[(x_2 - x_1) + x_1]$$
$$= f(x_2 - x_1)f(x_1) < f(x_1)$$

即$f(x_1) > f(x_2)$,故函数$f(x)$在**R**上为减函数.

变式3 设$f(x)$是定义在$(0, +\infty)$上的单调函数,满足$f\left(\dfrac{x}{y}\right) = f(x) - f(y)$,当$x > 1$时,$f(x) > 0$且$f(3) = 1$.若$f(x) + f(x-8) \leqslant 2$,求$x$的取值范围.

解 设$0 < x_1 < x_2$,则$\dfrac{x_2}{x_1} > 1$.所以
$$f\left(\dfrac{x_2}{x_1}\right) = f(x_2) - f(x_1) > 0$$
即$f(x_1) < f(x_2)$,故函数$f(x)$在$(0, +\infty)$上是增函数.因为
$$f(3) = f\left(\dfrac{9}{3}\right) = f(9) - f(3)$$
得$f(9) = 2$,从而有
$$f(x) + f(x-8) \leqslant f(9)$$
所以$\begin{cases} x > 0 \\ x - 8 > 0 \\ x(x-8) \leqslant 9 \end{cases}$,解得$8 < x \leqslant 9$,所以$x$的取值范围是$(8, 9]$.

变式4 已知函数$f(x)$对任意$x, y \in (-\infty, 0) \cup (0, +\infty)$,满足$f(xy) = f(x)f(y)$,且$f(-1) = 1$,当$x > 1$时,$0 < f(x) < 1$.

(1) 判断函数$f(x)$的奇偶性;

(2) 讨论$f(x)$在$(-\infty, 0)$上的单调性,并说明理由.

解 (1) 在$f(xy) = f(x)f(y)$中,令$y = -1$,得$f(-x) = f(-1)f(x)$.

因为$f(-1) = 1$,所以$f(-x) = f(x)$,即函数$f(x)$是偶函数.

(2) 设 $x_1 < x_2 < 0$，则 $\dfrac{x_1}{x_2} > 1$，所以 $f\left(\dfrac{x_1}{x_2}\right) < 1$，又当 $x > 0$ 时，有

$$f(x) = f(\sqrt{x} \cdot \sqrt{x}) = f(\sqrt{x})f(\sqrt{x}) \geqslant 0$$

下证 $f(x) \neq 0$，采用反证法.

若存在 $x_0 \in (-\infty, 0) \cup (0, +\infty)$，使得 $f(x_0) = 0$，则

$$f(-1) = f\left[x_0 \cdot \left(-\dfrac{1}{x_0}\right)\right] = f(x_0)f\left(-\dfrac{1}{x_0}\right) = 0$$

与题设矛盾．即 $f(x) \neq 0$.

故当 $x > 0$ 时，有 $f(x) > 0$.

又因函数 $f(x)$ 是偶函数，从而当 $x_0 \in (-\infty, 0) \cup (0, +\infty)$，恒有 $f(x_0) > 0$. 所以

$$f(x_1) = f\left(\dfrac{x_1}{x_2} \cdot x_2\right) = f\left(\dfrac{x_1}{x_2}\right)f(x_2) < f(x_2)$$

即 $f(x)$ 在 $(-\infty, 0)$ 上是增函数.

变式 5 函数 $f(x)$ 的定义域关于原点对称，且对于定义域内不同的 x_1, x_2，都有 $f(x_1 - x_2) = \dfrac{f(x_1) - f(x_2)}{1 + f(x_1)f(x_2)}$，则 $f(x)$ 为（ ）.

A. 奇函数非偶函数　　　　B. 偶函数非奇函数
C. 即是奇函数又是偶函数　D. 非奇非偶函数

解 令 $t = x_1 - x_2$，则

$$f(-t) = f(x_2 - x_1) = \dfrac{f(x_2) - f(x_1)}{1 + f(x_2)f(x_1)}$$

$$= \dfrac{f(x_1) - f(x_2)}{1 + f(x_1)f(x_2)}$$

$$= -f(x_1 - x_2) = -f(t)$$

故 $f(x)$ 为奇函数非偶函数，选 A.

Cauchy 函数方程

变式6 已知函数 $f(x)$ 不恒为 0,对任意实数 x, y,有 $f(x)+f(y)=2f\left(\dfrac{x+y}{2}\right)f\left(\dfrac{x-y}{2}\right)$,且 $f(a)=0(a>0)$,试问:(1)$f(x)$ 的奇偶性如何? 说明理由;(2)$f(x)$ 是否是周期函数? 若是周期函数,请求出周期.

解 (1)令 $x=y$,得 $2f(x)=2f(x)f(0)$,因函数 $f(x)$ 不恒为 0,所以 $f(0)=1$.

再令 $y=-x$,得
$$f(x)+f(-x)=2f(x)f(0)=2f(x)$$
所以 $f(-x)=f(x)$,即 $f(x)$ 是偶函数.

(2)由题设条件可知
$$f(x+2a)+f(x)=2f(x+a)f(a)=0$$
所以 $$f(x+2a)=-f(x)$$
所以
$$f(x+4a)=f[(x+2a)+2a]$$
$$=-f(x+2a)=f(x)$$
所以 $f(x)$ 是以 $4a$ 为周期的周期函数.

单增教授举过一个例子:

设 **R** 为实数集,确定所有满足下列条件的函数 $f:\mathbf{R}\to\mathbf{R}$ 有
$$f(x^2-y^2)=xf(x)-yf(y)(\forall x,y\in\mathbf{R})$$

师:先猜猜看,$f(x)$ 是什么函数?

甲:我猜想 $f(x)$ 是正比例函数 kx. $f(x)=kx$ 确实符合要求. 但要证明必有 $f(x)=kx$,似乎不太容易.

师:试试看.

乙:令 $x=y=0$,得
$$f(0)=0$$

令 $y=0$,得
$$f(x^2)=xf(x) \qquad ⑭$$
令 $x=0$,得
$$f(-y^2)=-yf(y)=-f(y^2) \qquad ⑮$$
所以 $f(x)$ 是奇函数.只需在 $(0,+\infty)$ 上讨论.

甲:由式 ⑭ 得
$$f(x^2-y^2)=f(x^2)-f(y^2)$$
将 x^2,y^2 改写为 $x,y(x,y>0)$,则
$$f(x-y)=f(x)-f(y)$$
即(将 x 改记为 $x+y$,$x-y$ 改记为 y)
$$f(x+y)=f(x)+f(y) \qquad ⑯$$
由式 ⑯,运用熟知的柯西方法可知,对 $x\in\mathbf{Q}$ 有
$$f(x)=kx,k=f(1) \qquad ⑰$$
如何证明式 ⑰ 对于 $x\in\mathbf{R}$ 成立,好像很难.

师:由式 ⑯ 只能得出式 ⑰ 对 $x\in\mathbf{Q}$ 成立.要证明式 ⑰ 对 $x\in\mathbf{R}$ 成立,通常要利用连续性.本题未给出这一条件,但除式 ⑯ 外,还有一个重要的式 ⑮.利用它可以得出想要的结果.

你可以考虑一下 $f((x+1)^2)$.

乙:我采用"算两次"的方法.从两个方面来考虑:

一方面,由式 ⑭,⑯,⑰ 知
$$f((x+1)^2)=(x+1)f(x+1)=(x+1)(f(x)+k) \qquad ⑱$$

另一方面,由求 ⑯,⑭,⑰ 知
$$f((x+1)^2)=f(x^2+2x+1)=xf(x)+2f(x)+k \qquad ⑲$$

比较两方面的结果得
$$f(x)=kx \qquad ⑳$$

例 10 设函数 $f(x)$ 在区间 $(-\infty, +\infty)$ 上可导,且对任何实数 a, b 均有 $f(a+b) = e^a f(b) + e^b f(a)$. 又已知 $f'(0) = e$,试求 $f'(x)$ 及 $f(x)$.

解 由题设及导数定义可有
$$f'(a) = \lim_{b \to 0} \frac{f(a+b) - f(a)}{b}$$
$$= \lim_{b \to 0} \frac{e^a f(b) + e^b f(a) - f(a)}{b}$$
$$= \lim_{b \to 0} \frac{e^a f(b)}{b} + \lim_{b \to 0} \frac{f(a)(e^b - 1)}{b}$$
$$= e^a f'(0) + f(a) \text{(注意 } f'(0) = e\text{)}$$
$$= e^{a+1} + f(a)$$

即
$$f'(x) = e^{x+1} + f(x) \quad \text{或} \quad y' = e^{x+1} + y$$

故
$$y = e^{\int dx} \left[\int e^{x+1} e^{-\int dx} dx + c \right]$$
$$= e^x [e^x + c] = x e^{x+1} + c e^x$$

由 $f'(x) = e^{x+1} + f(x)$,知 $f'(0) = e + f(0)$,故 $f(0) = 0$. 从而 $c = 0$.

综上 $f(x) = x e^{x+1}, f'(x) = (x+1)e^{x+1}$.

注 它前面的部分还可由固定 a 将 $f(a+b) = e^a f(b) + e^b f(a)$ 对 b 求导,亦可求得关系式
$$f'(a) = e^{a+1} + f(a)$$

§2 关于函数方程 $f(x+y) = f(x) + f(y)$

定义在实数域上适合方程
$$f(x+y) = f(x) + f(y) \qquad \qquad ①$$

的函数,如果再加上连续的条件,就可以证明它是唯一的,即
$$f(x)=ax$$

北京大学数学力学系的张景中 1955 年在《数学学报》上发表文章,从理论上求出定义在任意数域上满足方程 ① 的解,而不加任何条件. 后面将看到,这里除了个别例子之外,并不能指出所求出的更普遍的函数. 原因在于,证明中应用的有策墨罗定理.

2.1 基本引理

引理 1 对任意一个数域 R 必有数集 $\mathcal{M} \subseteq R$ 存在,使得 R 中的任一非 0 数 x,都可表示成
$$x = a_1 x_1 + a_2 x_2 + \cdots + a_k x_k \qquad ②$$
$a_1, \cdots, a_k$ 是不为 0 的有理数, k 是任一自然数, $x_1, \cdots, x_k$ 是 $\mathcal{M}$ 中的不为 0 的 k 个互不相等的数(注意:对不同的 x, k 也可以不同),而且表法 ② 是唯一的.

表法 ② 的唯一性是指:如果 $x \in R, x(\neq 0)$ 有合于 ② 中规定的两种表法
$$x = a_1 x_1 + a_2 x_2 + \cdots + a_k x_k (x_i \in \mathcal{M}) \quad (\alpha)$$
$$x = a'_1 x'_1 + a'_2 x'_2 + \cdots + a'_l x'_l (x'_i \in \mathcal{M}) \quad (\beta)$$
我们必有 $k=l$,而且对式(α)中的每一项 $a_i x_i$,我们都能在式(β)中找到一项 $a'_j x'_j$,使得
$$a_i = a'_j, x_i = x'_j$$

证明 根据策墨罗定理,任何集皆可作成正序的,我们把数集 $R/0$ 中的所有元素作成正序集 R^*,然后用如下的办法作出数集 $\mathcal{M}$:

(1) 规定: R^* 的首元素属于 $\mathcal{M}$;

(2) 当 x 不是 R^* 的首元素时($x \in R^*$),我们这样决定 x 是否属于 $\mathcal{M}$:把 R^* 中在 x 之前的所有元素作成

Cauchy 函数方程

集 E_x,如果我们能够从 E_x 中挑出 k 个数(k 是自然数),$\overline{x}_1,\cdots,\overline{x}_k$ 互不相等(当然都不是 0),使得
$$x = a_1\overline{x}_1 + \cdots + a_k\overline{x}_k \ (a_1,\cdots,a_k \text{ 是不为 0 的有理数})$$
我们就规定 x 不属于 $\mathscr{M}$,否则,就规定 $x \in \mathscr{M}$;

(3) 数 0 不属于 $\mathscr{M}$.

现在,我们已经能够判断 R 中的任一数是否属于 $\mathscr{M}$ 了.让我们再声明一下,除了按照(1),(2),(3)的规定之外,$\mathscr{M}$ 不包含其他的任何数.因此,$\mathscr{M} \subseteq R$.

下面,我们分两步证明引理 1 的主要部分:

1) 如果 x 是 R 中的非 0 数,我们就有
$$x = a_1 x_1 + a_2 x_2 + \cdots + a_k x_k$$
其中 $a_1,\cdots,a_k$ 是不为 0 的有理数,k 是自然数,$x_1,\cdots,x_k$ 是 $\mathscr{M}$ 中的不为 0 的互不相等的数.

我们用反证法来证明它.如果有不能表为式 ② 形的属于 R 的非 0 数,我们把这些数全体按照它们在 R^* 中的次序作一个非空的有序集 A,由于 R^* 的正序性,A 必有首元素 x_0,按照反证法的假设,x_0 不属于 $\mathscr{M}$ 也不为 0.因为如果 $x_0 \in \mathscr{M}$,则 $x_0 = a_1 x_1$,其中 $a_1 = 1$,$x_1 = x_0$,就与反证法的假设矛盾.按照集 $\mathscr{M}$ 的作法(2)可知,我们能够从所有在 R^* 中在 x_0 之前的数所作成的集 E_{x_0} 中挑出 $\overline{x}_1,\cdots,\overline{x}_k$,使有
$$x_0 = a_1\overline{x}_1 + \cdots + a_k\overline{x}_k \ (a_1,\cdots,a_k \text{ 是非 0 有理数}) \ ③$$
由于 x_0 是所有不能表为式 ② 形的数在 R^* 中的第一个,$\overline{x}_1,\cdots,\overline{x}_k$ 又都在 x_0 之前,因此,$\overline{x}_1,\cdots,\overline{x}_k$ 都能表为 ② 的形式
$$\overline{x}_i = a_{i1}x_{i1} + \cdots + a_{il_i}x_{il_i} \ (i=1,2,\cdots,k, x_{ij} \in \mathscr{M})$$
我们将 $\overline{x}_i$ 的这些表法代入式 ③,由于有理数经加、减、

第 2 章　怎样研究大学自主招生考试

乘仍得有理数,经过并项,删除 0 项之后,就得出了:x_0 能表为式 ② 形.

这就得出了矛盾,证明完毕.

2) 表法 ② 是唯一的. 我们仍采用反证法. 如果属于 R 的非 0 数 x 有符合 ② 中规定的两种表法(α) 和 (β),我们尽可能把(α),(β)的右端的完全相同的项提在前面,其次是系数不同的,最后是 x_i, x'_j 不同的

$$x = a_1 x_1 + \cdots + a_l x_l + a_{l+1} x_{l+1} + \cdots + a_m x_m + a_{m+1} x_{m+1} + \cdots + a_k x_k \qquad (\alpha)$$

$$x = a_1 x_1 + \cdots + a_l x_l + a'_{l+1} x_{l+1} + \cdots + a'_m x_m + a'_{m+1} x'_{m+1} + \cdots + a'_p x'_p \qquad (\beta)$$

其中,当 $l+1 \leqslant i \leqslant m$ 时,$a_i \neq a'_i$;当 $m+1 \leqslant i \leqslant k$, $m+1 \leqslant j \leqslant p$ 时, $x_i \neq x'_j$.

$l, m-l$ 都可以为非负的整数,而且

$$k, p \geqslant m \geqslant l \geqslant 0$$

当然,在 $m = l$ 时,k, p 都不等于 m,否则,将式(α) 与 (β) 相减,就有矛盾;又在 $k = p = m$ 时, $m - l \geqslant 2$.

现在,从式(α) 减(β),就得到

$$(a_{l+1} - a'_{l+1}) x_{l+1} + \cdots + (a_m - a'_m) x_m + a_{m+1} x_{m+1} + \cdots + a_k x_k - (a'_{m+1} x'_{m+1} + \cdots + a'_p x'_p) = 0 \qquad ④$$

把式 ④ 改写成

$$b_1 y_1 + \cdots + b_{k+p-(m+l)} y_{k+p-(m+l)} = 0 \qquad ⑤$$

由于 $k+p-(m-l) \geqslant 2$,且因 b_i 是一有理数 $(\neq 0)$, $y_i \in \mathscr{M}$,把 $y_1, \cdots, y_{k+p-(m+l)}$ (互不相同)按照它们在 R^* 中的次序排列起来,其中必有最后一个. 设 y_i 是最后一个,就有

$$y_i = -\frac{b_1}{b_i} y_1 - \frac{b_2}{b_i} y_2 - \cdots - \frac{b_{i-1}}{b_i} y_{i-1} - \frac{b_{i+1}}{b_i} y_{i+1} - \cdots -$$

73

Cauchy 函数方程

$$\frac{b_{k+p-m-l}}{b_i} y_{k+p-m-l}$$

由 $\mathscr{M}$ 的作法(2)，y_i 不属于 $\mathscr{M}$. 这就有了矛盾. 至此，引理 1 的证明完毕.

引理 2 若 $f(x)$ 是定义在数域 R 上的、适合方程 ① 的函数，$x_1,\cdots,x_k \in R$，$a_1\cdots a_k$ 都是有理数，则

$$f(a_1 x_1 + \cdots + a_k x_k) = a_1 f(x_1) + \cdots + a_k f(x_k)$$

（k 自然数）

证明 首先，我们显然有

$$f(x_1 + \cdots + x_k) = f(x_1) + \cdots + f(x_k)$$

又由 $f(x) = f(x+0) = f(x) + f(0)$，得 $f(0) = 0$. 由 $f(-x) + f(x) = f(x-x) = f(0) = 0$，得 $-f(x) = f(-x)$，因此，我们只要证明

$$f\left(\frac{n}{m}x\right) = \frac{n}{m}f(x) \quad (m, n \text{ 是正整数})$$

就够了. 首先，有 $f(ny) = f(\underbrace{y+y+\cdots+y}_{n\text{个}}) = \underbrace{f(y)+\cdots+f(y)}_{n\text{个}} = nf(y)$. 令 $y = \dfrac{y'}{n}$，就有

$$\frac{1}{n}f(y') = f\left(\frac{1}{n}y'\right)$$

所以

$$f\left(\frac{n}{m}x\right) = f\left(n\left(\frac{x}{m}\right)\right) = nf\left(\frac{1}{m}x\right) = \frac{n}{m}f(x)$$

引理 2 证毕.

2.2 函数 $F(x)$ 的定义及其适合方程 ① 的证明

我们在数域 R 上定义 $F(x)$. 按照引理 1，我们作一个数集 $\mathscr{M} \subseteq R$. 现在，再在数集 $\mathscr{M}$ 上作一个任意的函数 $m(x)$. 我们规定：

(1) $F(0) = 0$;

(2) 对于 $x \in R(\neq 0)$, 按照引理 1, 有表法 ②
$$x = a_1 x_1 + a_2 x_2 + \cdots + a_k x_k (a_i \text{ 为非 } 0 \text{ 有理数}, x_i \in \mathcal{M})$$
我们定义
$$F(x) = a_1 m(x_1) x_1 + \cdots + a_k m(x_k) x_k$$
由表法 ② 的唯一性, 知道定义 (2) 是合理的.

下面, 证明 $F(x+y) = F(x) + F(y)$.

设 x, y 是 R 中的两个数, 若其中有一个为 0, 例如 $x = 0$, 就有
$$F(x+y) = F(0+y) = F(y) = 0 + F(y) = F(x) + F(y)$$

现在, 设 x, y 都不是 0, 那么我们就可以把它们都表为式 ② 形, 而且尽可能把同类项都写在前面
$$x = a_1 x_1 + \cdots + a_l x_l + a_{l+1} x_{l+1} + \cdots + a_k x_k \quad (\gamma)$$
$$y = b_1 x_1 + \cdots + b_l x_l + b_{l+1} y_{l+1} + \cdots + b_p y_p \quad (\theta)$$
(其中 a_i, b_j 可相等可不等, 当 $l+1 \leqslant i \leqslant k, l+1 \leqslant j \leqslant p$ 时, $x_i \neq y_j$). 由表法 $(\gamma), (\theta)$ 的唯一性, 又如果 $x+y \neq 0$, 则 $x+y$ 也有唯一的表法
$$(x+y) = (a_1 + b_1) x_1 + \cdots +$$
$$(a_L + b_L) x_L + a_{L+1} x_{L+1} + \cdots +$$
$$a_k x_k + b_{L+1} y_{L+1} + \cdots + b_p y_p$$
于是
$$F(x) = a_1 m(x_1) x_1 + \cdots + a_k m(x_k) x_k$$
$$F(y) = b_1 m(x_1) x_1 + \cdots +$$
$$b_l m(x_l) x_l + b_{l+1} m(y_{l+1}) y_{l+1} + \cdots +$$
$$b_p m(y_p) y_p$$
$$F(x+y)$$
$$= (a_1 + b_1) m(x_1) x_1 + \cdots +$$
$$(a_l + b_l) m(x_l) x_l + a_{l+1} m(x_{l+1}) x_{l+1} + \cdots +$$

Cauchy 函数方程

$$a_k m(x_k) x_k + b_{l+1} m(y_{l+1}) y_{l+1} + \cdots + b_p m(y_p) y_p$$

所以
$$F(x+y) = F(x) + F(y)$$

容易验证：当某一 $(a_i + b_i) = 0$ 时，结论仍正确.

如果 $x + y = 0$，则 $x + y$ 不能以式 ② 形表出，上面办法就不通了. 但是，由于 $(\gamma), (\theta)$ 是符合条件 (2) 的唯一的表法，由 $x = -y$，就有

$$y = (-a_1) x_1 + \cdots + (-a_k) x_k$$

因而 $F(y) = -F(x), F(x) + F(y) = 0$，又由函数定义，$F(x+y) = F(0) = 0$.

这样，就完全证明了我们所定义的 $F(x)$ 适合方程 ①.

2.3 作适合方程 ① 的函数

我们作出的函数，包括全部定义在任意一个数域上适合方程 ① 的函数. 要证明这一点，也就是说只要给一个定义在数域 R 上的函数 $f(x)$，适合方程 ①，我们一定可以照 2.2 中建立的方法，作一个 $F(x)$，使 $F(x) = f(x)$，这其实是很简单的事.

对数域 R，由引理 1，作一数集 $\mathcal{M}$，使对任一 $x(\neq 0) \in R$，有表法 ②

$$x = a_1 x_1 + \cdots + a_k x_k$$

再定义，对 $x \in \mathcal{M}, m(x) = \dfrac{f(x)}{x}$. 现在，完全用 2.2 的方法定义 $F(x)$. 首先，由 2.2 与引理 2，得 $F(0) = f(0) = 0$. 对 $x \neq 0$ 有

$$F(x) = a_1 m(x_1) x_1 + \cdots + a_k m(x_k) x_k$$
$$= a_1 \cdot \frac{f(x_1)}{x_1} \cdot x_1 + \cdots + a_k \cdot \frac{f(x_k)}{x_k} x_k$$
$$= a_1 f(x_1) + \cdots + a_k f(x_k)$$

由引理 2 有
$$f(x) = f(a_1 x_1 + \cdots + a_k x_k) = a_1 f(x_1) + \cdots + a_k f(x_k)$$
所以
$$F(x) = f(x)$$

2.4 一个特例

设 $R(\sqrt{2})$ 表示有理数域添加 $\sqrt{2}$ 所得的域,如果我们在 $R(\sqrt{2})$ 域上定义一个适合方程①的函数,我们可以取 $\mathscr{M} = \{1, \sqrt{2}\}$. 再定义
$$m(1) = 1, m(\sqrt{2}) = 0$$
那么,对于 $x \in R(\sqrt{2}), x = a_x + b_x \sqrt{2}$ (a_x, b_x 有理数),我们有 $f(x) = a_x$.

容易验证 $f(x)$ 的几个简单性质:

(1) $f(x+y) = f(x) + f(y)$;

(2) $f(x)$ 不连续;

(3) $f(x)$ 的图形在平面上处处稠密.

马上可以看出,利用上面所建立的方法,可以求出定义在实数域的任一子域上的适合方程
$$f(x+y) = f(x) \cdot f(y)$$
的全部实函数. 大致如此:在 $\mathscr{M}$ 上定义正实函数 $m(x)$,对
$$x = a_1 x_1 + a_2 x_2 + \cdots + a_k x_k \ (x \neq 0)$$
令
$$F(x) = (m(x_1))^{a_1 x_1} \cdot (m(x_2))^{a_2 x_2} \cdot \cdots \cdot (m(x_k))^{a_k x_k}$$
对 $x=0$,令 $F(0)=1$;再添上 $F(x)=0$ 这一函数,就容易证明,我们求出的是全部适合 $f(x+y) = f(x) \cdot f(y)$ 的实函数.

Cauchy 函数方程

§3 函数(矩阵)方程,函数(矩阵)积分方程

函数方程理论的发展已有二百多年历史. 从 20 世纪 20 年代、特别是最近的 10 多年以来,函数方程理论有了较大发展,对函数方程解的构造方法、存在性、唯一性、渐近性质以及稳定性等都有许多的结果.

在求双曲方程组的解的问题时,在多数的情形下,它们将归结为函数方程、函数积分方程、函数矩阵方程、函数矩阵积分方程的解的问题. 本章证明这些方程在适合一定的条件时,它们的解是存在唯一的.

3.1 函数方程

定理 1 若函数方程

$$f(x) = \sum_{i=1}^{l} a_i f(\alpha_i x) + h(x) \quad (-\infty < x < +\infty)$$

适合于:

(1) 存在实数 $\mu \geqslant 0$,使

$$\sum_{i=1}^{l} |a_i| |\alpha_i|^\mu < 1 \quad (|\alpha_i| < 1)$$

(2) $h(x)$ 在 $-\infty < x < +\infty$ 内连续,而且

$$|h(x)| \leqslant M |x|^\mu$$

则函数方程有连续解存在. 如果

$$|f(x)| \leqslant M |x|^\mu$$

则这一连续解是唯一的.

证明 定义

$$f_{-1}(x) = 0, \quad f_0(x) = h(x)$$

$$f_n(x) = \sum_{i=1}^{l} a_i f_{n-1}(\alpha_i x) + h(x)$$

第 2 章　怎样研究大学自主招生考试

由于
$$f_1(x) - f_0(x) = \sum_{i=1}^{l} a_i(f_0(\alpha_i x) - f_{-1}(\alpha_i x))$$
$$= \sum_{i=1}^{l} a_i h(\alpha_i x)$$

得
$$\mid f_1(x) - f_0(x) \mid \leqslant M \sum_{i=1}^{l} \mid a_i \mid \mid \alpha_i \mid^\mu \mid x \mid^\mu$$

用归纳法得
$$\mid f_{n+1}(x) - f_n(x) \mid \leqslant M(\sum_{i=1}^{l} \mid a_i \mid \mid \alpha_i \mid^\mu)^{n+1} \mid x \mid^\mu$$

因此级数
$$(f_0 - f_{-1}) + (f_1 - f_0) + \cdots$$

在 $[-N, N]$ 上绝对一致收敛于一连续函数 $f(x)$. 当 $n \to \infty$ 时,$f_n(x) \to f(x)$. 由于 N 的任意性,$f(x)$ 在实轴上存在连续,而且它是原方程的解.

设原方程组有两个解 $f^{(1)}(x), f^{(2)}(x)$. 命
$$g(x) = f^{(1)}(x) - f^{(2)}(x)$$

则
$$g(x) = \sum_{i=1}^{l} a_i g(\alpha_i x)$$

而且
$$\mid g(x) \mid \leqslant M \mid x \mid^\mu$$

用归纳法得
$$\mid g(x) \mid \leqslant M(\sum_{i=1}^{l} \mid a_i \mid \mid \alpha_i \mid^\mu)^n \mid x \mid^\mu$$

当 $n \to \infty$ 时,$\mid g(x) \mid \to 0$. 所以解唯一.

附注 1　函数方程的一般形式应该是

Cauchy 函数方程

$$\sum_{i=1}^{l} b_i f(\beta_i x) = h(x) \quad (-\infty < x < \infty)$$

因此,条件(1)实质上是:有一实数 $\mu \geqslant 0$,使存在 j,而

$$\sum_{\substack{i=1 \\ i \neq j}}^{l} |b_i| |\beta_i|^\mu < |b_j| |\beta_j|^\mu$$

附注 2 条件(2)可以改成,在零点附近有 $|h(x)| \leqslant M |x|^\mu$. 定理仍然成立.

附注 3 可用压缩映象原理来证明.

3.2 函数矩阵方程

定理 2 考虑函数矩阵方程

$$\boldsymbol{f}(x) = \sum_{i=1}^{l} \boldsymbol{f}(\alpha_i x) \boldsymbol{M}_i + \boldsymbol{h}(x) \quad (-\infty < x < \infty)$$

这里,$\boldsymbol{f}(x)$ 和 $\boldsymbol{h}(x)$ 是向量,$\boldsymbol{f} = (f_1, f_2, \cdots, f_r)$,$\boldsymbol{h} = (h_1, h_2, \cdots, h_r)$,$\boldsymbol{M}_i$ 是 r 行 r 列的实方阵,$|\alpha_i| < 1$. 或函数矩阵方程适合于:

(1) 存在一 $\mu \geqslant 0$,使

$$q = \lambda(|\alpha_1|^{2\mu} + |\alpha_2|^{2\mu} + \cdots + |\alpha_l|^{2\mu}) < 1$$

这里,λ 是对称方阵

$$\boldsymbol{Q} = \begin{pmatrix} M_1 M'_1 & M_1 M'_2 & \cdots & M_1 M'_l \\ M_2 M'_1 & M_2 M'_2 & \cdots & M_2 M'_l \\ \vdots & \vdots & & \vdots \\ M_l M'_1 & M_l M'_2 & \cdots & M_l M'_l \end{pmatrix}$$

的特征值的模的最大值.

(2) $\boldsymbol{h}(x)$ 是连续函数,$-\infty < x < +\infty$,而且

$$|\boldsymbol{h}(x)| \leqslant M |x|^\mu$$

则函数矩阵方程有连续解存在. 如果

$$|\boldsymbol{f}(x)| \leqslant M |x|^\mu$$

则这一解是唯一的.

第 2 章　怎样研究大学自主招生考试

证明　定义
$$f_{-1}(x) = 0$$
$$f_0(x) = h(x)$$
$$f_n(x) = \sum_{i=1}^{l} f_{n-1}(\alpha_i x) \boldsymbol{M}_i + h(x)$$

考虑 $f_{n+1}(x) - f_n(x)$ 的模

$$|f_{n+1}(x) - f_n(x)|^2$$
$$= \sum_{i=1}^{l} \sum_{j=1}^{l} (f_n(\alpha_i x) - f_{n-1}(\alpha_i x)) \boldsymbol{M}_i \boldsymbol{M}'_j$$
$$(f_n(\alpha_j x) - f_{n-1}(\alpha_j x))'$$
$$= (f_n(\alpha_1 x) - f_{n-1}(\alpha_1 x), f_n(\alpha_2 x) - f_{n-1}(\alpha_2 x), \cdots,$$
$$f_n(\alpha_l x) - f_{n-1}(\alpha_l x)) Q (f_n(\alpha_1 x) -$$
$$f_{n-1}(\alpha_1 x), f_n(\alpha_2 x) - f_{n-1}(\alpha_2 x), \cdots,$$
$$f_n(\alpha_l x) - f_{n-1}(\alpha_l x))'$$

这里，$\boldsymbol{Q}$ 是对称方阵.

作正交变换，使
$$\boldsymbol{PQP}' = \begin{pmatrix} \lambda_1 & & & & 0 \\ & \lambda_2 & & & \\ & & \ddots & & \\ & & & \ddots & \\ 0 & & & & \lambda_{lr} \end{pmatrix}$$

命
$$(f_n(\alpha_1 x) - f_{n-1}(\alpha_1 x), \cdots, f_n(\alpha_l x) - f_{n-1}(\alpha_l x)) = g_n \boldsymbol{P}$$
得
$$|f_{n+1}(x) - f_n(x)|^2$$

Cauchy 函数方程

$$= g_n \begin{pmatrix} \lambda_1 & & & & 0 \\ & \lambda_2 & & & \\ & & \ddots & & \\ & & & \ddots & \\ 0 & & & & \lambda_{lr} \end{pmatrix} g'_n$$

$$\leqslant \lambda g_n g'_n$$

$$= \lambda(f_n(\alpha_1 x) - f_{n-1}(\alpha_1 x), f_n(\alpha_2 x) - f_{n-1}(\alpha_2 x), \cdots,$$
$$f_n(\alpha_l x) - f_{n-1}(\alpha_l x))(f_n(\alpha_1 x) - f_{n-1}(\alpha_1 x),$$
$$f_n(\alpha_2 x) - f_{n-1}(\alpha_2 x), \cdots, f_n(\alpha_l x) -$$
$$f_{n-1}(\alpha_l x))'$$

用归纳法得

$$| f_{n+1}(x) - f_n(x) | \leqslant Mq^{\frac{n}{2}} | x |^\mu$$

当 $n \to \infty$ 时，$| f_{n+1} - f_n | \to 0$，因此级数

$$| f_0 - f_{-1} | + | f_1 - f_0 | + \cdots$$

绝对一致收敛，故 $f_n \to f$。

3.3 函数积分方程

定理 3 若函数积分方程

$$f(x) = \sum_{i=1}^{S} a_i f(\alpha_i x) + \int_0^x \sum_{j=1}^{T} b_j f(\beta_j t) \frac{\mathrm{d}t}{t} + h(x)$$
$$(-\infty < x < +\infty)$$

适合于：

(1) 存在一正实数 $\mu > \max(2, \sum | b_k |)$，使

$$\sum_{i=1}^{S} | a_i | | \alpha_i |^\mu + (\sum_{j=1}^{T} | b_j | | \beta_j |^\mu)/\mu < 1$$

这里，$| \alpha_i | < 1, | \beta_k | \leqslant 1, k \leqslant T, \sum | b_k |$ 表示 $| \beta_1 |$，$| \beta_2 |, \cdots, | \beta_T |$ 中所有等于 1 的 $| \beta_j |$ 所对应的系数的一切 $| b_j |$ 之和；

(2)$h(x)$ 是连续函数,$-\infty < x < +\infty$,而且
$$|h(x)| \leqslant M|x|^\mu$$
则函数积分方程有连续解存在. 如果
$$|f(x)| \leqslant M|x|^\mu$$
则这一连续解是唯一的.

证明 定义
$$f_{-1}(x) = 0$$
$$f_0(x) = h(x)$$
$$f_n(x) = \sum_{i=1}^S a_i f_{n-1}(\alpha_i x) + \int_0^x \sum_{j=1}^T b_j f_{n-1}(\beta_j t) \frac{\mathrm{d}t}{t} + h(x)$$

得
$$f_{n+1}(x) - f_n(x) = \sum_{i=1}^S a_i [f_n(\alpha_i x) - f_{n-1}(\alpha_i x)] +$$
$$\int_0^x \sum_{j=1}^T b_j [f_n(\beta_j t) - f_{n-1}(\beta_j t)] \frac{\mathrm{d}t}{t}$$

用归纳法得
$$|f_{n+1}(x) - f_n(x)|$$
$$\leqslant M \Big(\sum_{i=1}^S |a_i||\alpha_i|^\mu + \sum_{j=1}^T \frac{|b_j||\beta_j|^\mu}{\mu} \Big)^{n+1} |x|^\mu$$

当 $n \to \infty$ 时,$|f_{n+1} - f_n| \to 0$,因此级数
$$|f_0 - f_{-1}| + |f_1 - f_0| + \cdots$$
绝对一致收敛. 故当 $n \to \infty$,$f_n \to f$. 而且解是唯一的.

3.4 函数矩阵积分方程

定理 4 函数矩阵积分方程
$$f(x) = \sum_{i=1}^S f(\alpha_i x) \boldsymbol{A}_i + \int_0^x \sum_{j=1}^T f(\beta_j t) \frac{\mathrm{d}t}{t} \boldsymbol{B}_j + h(x)$$
$$(-\infty < x < +\infty)$$

这里,$\boldsymbol{f}$ 和 $\boldsymbol{h}$ 是向量,$\boldsymbol{f} = (f_1, f_2, \cdots, f_r)$,$\boldsymbol{h} = (h_1, h_2, \cdots, h_r)$,而 $\boldsymbol{A}_i, \boldsymbol{B}_i$ 是 r 行 r 列的实数方阵,$|\alpha_i| < 1$,

Cauchy 函数方程

$|\beta_i| \leqslant 1.$

若函数矩阵积分方程适合于：

(1) 存在实数 $\mu > \max(2, \sqrt{\lambda})$，使

$$q = \lambda \left(\sum_{i=1}^{S} |\alpha_i|^{2\mu} + \sum_{i=1}^{T} \frac{|\beta_i|^{2\mu}}{\mu^2} \right) < 1$$

这里，λ 是对称方阵 $\boldsymbol{Q}$ 的特征值的模的最大值；

(2) $h(x)$ 是连续函数，$-\infty < x < +\infty$，而且

$$|h(x)| \leqslant M |x|^{\mu}$$

则函数矩阵积分方程的连续解存在. 如果

$$|f(x)| \leqslant M |x|^{\mu}$$

则解是唯一的.

证明 定义

$$f_{-1}(x) = 0$$
$$f_0(x) = h(x)$$
$$f_n(x) = \sum_{i=1}^{S} f_{n-1}(\alpha_i x) \boldsymbol{A}_i + \int_0^x \sum_{j=1}^{T} f_{n-1}(\beta_j t) \frac{dt}{t} \boldsymbol{B}_j + h(x)$$

考虑 $f_{n+1}(x) - f_n(x)$ 的模

$$|f_{n+1}(x) - f_n(x)|^2$$
$$= \left(\sum_{i=1}^{S} (f_n(\alpha_i x) - f_{n-1}(\alpha_i x)) \boldsymbol{A}_i + \int_0^x \sum_{j=1}^{T} (f_n(\beta_j t) - f_{n-1}(\beta_j t)) \frac{dt}{t} \boldsymbol{B}_j \right) \cdot$$
$$\left(\sum_{k=1}^{S} (f_n(\alpha_k x) - f_{n-1}(\alpha_k x)) \boldsymbol{A}_k + \int_0^x \sum_{l=1}^{T} (f_n(\beta_l t) - f_{n-1}(\beta_l t)) \frac{dt}{t} \boldsymbol{B}_l \right)$$
$$= g_n \boldsymbol{Q} g'_n$$

这里

$g_n(x)$

$$=\Big(f_n(\alpha_1 x)-f_{n-1}(\alpha_1 x),\cdots,f_n(\alpha_s x)-f_{n-1}(\alpha_s x),$$

$$\int_0^x\frac{f_n(\beta_1 t)-f_{n-1}(\beta_1 t)}{t}\mathrm{d}t,\cdots,\int_0^x\frac{f_n(\beta_T t)-f_{n-1}(\beta_T t)}{t}\mathrm{d}t\Big)$$

$$Q=\begin{pmatrix} A_1A'_1 & A_1A'_2 & \cdots & A_1A'_S & A_1B'_1 & A_1B'_2 & \cdots & A_1B'_T \\ A_2A'_1 & A_2A'_2 & \cdots & A_2A'_S & A_2B'_1 & A_2B'_2 & \cdots & A_2B'_T \\ \vdots & \vdots & & \vdots & \vdots & \vdots & & \vdots \\ A_SA'_1 & A_SA'_2 & \cdots & A_SA'_S & A_SB'_1 & A_SB'_2 & \cdots & A_SB'_T \\ B_1A'_1 & B_1A'_2 & \cdots & B_1A'_S & B_1B'_1 & B_1B'_2 & \cdots & B_1B'_T \\ B_2A'_1 & B_2A'_2 & \cdots & B_2A'_S & B_2B'_1 & B_2B'_2 & \cdots & B_2B'_T \\ \vdots & \vdots & & \vdots & \vdots & \vdots & & \vdots \\ B_TA'_1 & B_TA'_2 & \cdots & B_TA'_S & B_TB'_1 & B_TB'_2 & \cdots & B_TB'_T \end{pmatrix}$$

而且 Q 是对称方阵.

命

$$g_n(x)=g_n^*(x)\boldsymbol{P}$$

且使

$$\boldsymbol{PQP}'=\begin{pmatrix} \lambda_1 & & & & 0 \\ & \lambda_2 & & & \\ & & \ddots & & \\ & & & \ddots & \\ 0 & & & & \lambda_{r(s+T)} \end{pmatrix}$$

行归纳法得

$$|f_{n+1}(x)-f_n(x)|^2\leqslant \lambda g_n g'_n \leqslant \boldsymbol{M}^2|x|^{2\mu}q^n$$

当 $n\to\infty$ 时,$|f_{n+1}-f_n|\to 0$,因此,级数

$$|f_0-f_{-1}|+|f_1-f_0|+\cdots$$

绝对一致收敛,故当 $n\to\infty$,$f_n\to f$.并且不难证明这一解是唯一的.

第3章 柯西评传[①]

一

柯西（A. L. Cauchy，1789年8月21日—1857年5月23日），法国数学家、力学家，生于巴黎，卒于巴黎附近的索镇．

他的父亲路易·弗朗索瓦·柯西（L. F. Cauchy）是法国波旁王朝的官员，在法国动荡的政治漩涡中，直到1848年他去世前不久，一直担任公职．由于家庭的原因，柯西本人属于拥护波旁王朝的正统派，是一位虔诚的天主教徒．

柯西在幼年时，他的父亲常带领他到法国参议院内的办公室，并且在那里指导他进行学习，因此他有机会遇

---

① 本章引自解恩泽，徐本顺主编的《世界数学家思想方法》，济南，山东教育出版社，1994年．

第 3 章 柯西评传

到参议员 P.S. 拉普拉斯(Laplace)和 J.L. 拉格朗日(Lagrange)两位大数学家. 他们对他的才能十分赏识;拉格朗日认为他将来必定会成为大数学家,但建议他的父亲在他学好文科前不要学数学.

柯西于 1802 年入中学. 在中学时,他的拉丁文和希腊文取得优异成绩,多次参加竞赛获奖;数学成绩也深受老师赞扬. 他于 1805 年考入综合工科学校,在那里主要学习数学和力学;1807 年考入桥梁公路学校,1810 年以优异成绩毕业,前往瑟堡参加海港建设工程.

柯西去瑟堡时携带了拉格朗日的解析函数论和拉普拉斯的天体力学,后来还陆续收到从巴黎寄出或从当地借得的一些数学书. 他在业余时间悉心攻读有关数学各分支,从数论直到天文学方面的书籍. 根据拉格朗日的建议,他进行多面体的研究,并于 1811 年及 1812 年向科学院提交了两篇论文,其中主要成果是:

(1) 证明了凸正多面体只有五种(面数分别是 4,6,8,12,20),星形正多面体只有四种(面数是 12 的三种,面数是 20 的一种).

(2) 得到了欧拉关于多面体的顶点、面和棱的个数关系式的另一证明并加以推广.

(3) 证明了各面固定的多面体必然是固定的. 从此可导出从未证明过的欧几里得的一个定理.

这两篇论文在数学界造成了极大的影响. 柯西在瑟堡由于工作劳累生病,于 1812 年回到巴黎他的父母家中休养.

柯西于 1813 年在巴黎被任命为运河工程的工程师. 当他在巴黎休养和担任工程师期间,继续潜心研究

87

Cauchy 函数方程

数学并且参加学术活动.这一时期他的主要贡献是:

(1) 研究代换理论,发表了代换理论和群论在历史上的基本论文.

(2) 证明了费马关于多角形数①的猜测,即任何正整数是 n 个 n 角形数的和.这一猜测当时已提出了一百多年,经过许多数学家研究,都没有能够解决.以上两项研究是柯西在瑟堡时开始进行的.

(3) 用复变函数的积分计算实积分.这是复变函数论中柯西积分定理的出发点.

(4) 研究液体表面波的传播问题,得到流体力学中的一些经典结果,于 1815 年得法国科学院数学大奖.

以上突出成果的发表给柯西带来了很高的声誉,当时他已成为一位国际上著名的青年数学家.

1815 年法国拿破仑失败,波旁王朝复辟,路易十八当上了法王.柯西于 1816 年先后被任命为法国科学院院士和综合工科学校教授. 1821 年又被任命为巴黎大学力学教授,还曾在法兰西学院授课.这一时期他的主要贡献是:

(1) 在综合工科学校讲授分析课程,建立了微积分的基础极限理论,还阐明了极限理论.在此以前,微积分和级数的概念是模糊不清的.可是由于柯西的讲法与传统方式不同,当时学校师生对他提出了许多非议.这一时期出版的著作有《代数分析教程》《无穷小分

---

① 多角形数是希腊人提出的一种非负整数,设 t 及 n 是非负整数.那么 $t(t+1)/2$ 是三角形数,t^2 是正方形数,$\{2t+[t(t-1)n]\}/2$ 是 $n+2$ 角形数.

析教程概要》和《微积分在几何中应用教程》.这为微积分奠立了基础,促进了数学的发展,成为数学教程的典范.

(2) 柯西在担任巴黎大学力学教授后,重新研究连续介质力学.在 1822 年的一篇论文中,他建立了弹性理论的基础.

(3) 继续研究复平面上的积分及留数计算,并应用有关结果研究数学物理中的偏微分方程,等等.

他的大量论文分别在法国科学院论文集和他自己编写的期刊《数学习题》上发表.

1830 年法国爆发了推翻波旁王朝的革命,法王查理第十仓皇逃走,奥尔良公爵路易·菲力浦继任法王.当时规定在法国担任公职必须宣誓对新法王效忠.由于柯西属于拥护波旁王朝的正统派,他拒绝宣誓效忠,并自行离开法国.他先到瑞士,后于 1832~1833 年任意大利都灵大学数学物理教授,并参加当地科学院的学术活动.那时他研究了复变函数的级数展开和微分方程(强级数法),作出重要贡献.

1833~1838 年柯西先在布拉格、后在戈尔兹(Görz)担任波旁王朝"王储"波尔多公爵的教师,最后被授予"男爵"封号.在此期间,他的研究工作进行得较少.

1838 年柯西回到巴黎.由于他没有宣誓对法王效忠,只能参加科学院的学术活动,不能担任教学工作.他在创办不久的法国科学院报告和他自己编写的《期刊分析及数学物理习题》上发表了关于复变函数、天体力学、弹性力学等方面的大批重要论文.

1848 年法国又爆发了革命,路易·菲力浦倒台,重新建立了共和国,废除了公职人员对法王效忠的宣誓.柯西于1848年担任了巴黎大学数理天文学教授,重新进行他在法国高等学校中断了18年的教学工作.1852年拿破仑第三发动政变,法国从共和国变成了帝国,恢复了公职人员对新政权的效忠宣誓.柯西立即向巴黎大学辞职.后来拿破仑第三特准免除他和物理学家F.阿喇戈(Arago)的忠诚宣誓.于是柯西得以继续进行所担任的教学工作,直到1857年他在巴黎近郊逝世时为止.柯西直到逝世前仍不断参加学术活动,不断发表科学论文.生命不息,奋斗不止.他是一位杰出的数学大师.

二

柯西是一位多产的数学家,他的全集从1882年开始出版,到1974年才出最后一卷,总计28卷.他的主要贡献如下:

（一）单复变函数

柯西最重要和最有首创性的工作是关于单复变函数论的.18世纪的数学家们采用过上、下限是虚数的定积分,但没有给出明确的定义.柯西首先阐明了有关概念,并且用这种积分来研究多种多样的问题,如实定积分的计算,级数与无穷乘积的展开,用含参变量的积分表示微分方程的解,等等.

（二）分析基础

柯西在综合工科学校所授分析课程及有关教材给数学界造成了极大的影响.自从牛顿和莱布尼茨发明微积分（即无穷小分析,简称分析）以来,这门学科的

理论基础是模糊的.为了进一步发展,必须建立严格的理论.柯西为此首先成功地建立了极限论.在他的著作中,没有通行的 $\varepsilon\text{-}\delta$ 语言;他的说法看来也不够确切,从而有时也有错误,例如由于没有建立一致连续和一致收敛概念而产生的错误.可是关于微积分的原理,他的概念主要是正确的,其清晰程度是前所未有的.例如他关于连续函数及其积分的定义是确切的,他首先准确地证明了泰勒公式,他给出了级数收敛的定义和一些判别法.

（三）常微分方程

柯西在分析方面最深刻的贡献在常微分方程领域.他首先证明了方程解的存在和唯一性,在他以前,没有人提出过这种问题.通常认为是柯西提出的三种主要方法,即柯西-李普希茨法,逐渐逼近法和强级数法,实际上以前也散见到用于解的近似计算和估计.柯西的大功就是看到通过计算强级数,可以证明逼近步骤收敛,其极限就是方程的所求解.

（四）其他贡献

虽然柯西主要研究分析,但在数学中各领域都有贡献.关于用到数学的其他学科,他在天文和光学方面的成果是次要的,可是他却是数理弹性理论的奠基人之一.除以上所述外,他在数学中其他贡献如下:

1.分析方面

在一阶偏微分方程论中进行了特征线的基本概念;认识到傅里叶变换在解微分方程中的作用等.

2.几何方面

开创了积分几何,得到了把平面凸曲线的长用它在平面直线上一些正交投影表示出来的公式.

3. 代数方面

首先证明了阶数超过了的矩阵有特征值；与比内（J. Binet）同时发现两行列式相乘的公式，首先明确提出置换群概念，并得到群论中的一些非平凡的结果；独立发现了所谓"代数要领"，即格拉斯曼（H. G. Grassmann）的外代数原理.

三

柯西的数学思想不是凭空而来的，他的种种贡献有其来龙去脉，有其发展过程，有其优点和缺点. 现就单复变函数论和分析基础两方面的贡献来说明这些问题.

（一）单复变函数论

柯西研究单复变函数有三段时期：从 1814～1830 年，他研究复平面上的积分，由此得到著名的柯西积分定理和很有用的留数计算；从 1830～1846 年，他研究函数的级数展开和应用；从 1846 年到他逝世前为止，回顾他的全部有关成果，并且致力于阐明单复变函数论的基础.

柯西关于单复变函数的第一篇论文是在 1814 年发表的研究平面上的积分的论文. 这一课题大约是拉普拉斯向年轻的柯西提出的，因为前者意识到欧拉和他往往应用复变函数的积分，可是他们的方法缺乏严格性. 在这篇论文中，柯西只把 $\sqrt{-1}$ 即 i 作为一种计算工具，不把复变函数直接放在积分号后，而是分别计算函数的实部和虚部沿一个矩形（各边平行于两个坐标轴）的边界的积分，于是得到了关于矩形的柯西积

分定理. 他还计算了一阶极点的留数, 得到了相应的留数定理, 在这篇论文中也导出了所谓"柯西黎曼条件". 1825 年, 柯西在法兰西学院讲学, 同时受到泊松 (S. D. Poisson), 俄国青年数学家奥斯特罗格拉德斯基 (M. R. Ostrogradski) 和工程师布里松 (Brisson) 的工作的影响, 才明确给出复变函数的积分的定义; 在柯西积分定理中, 把矩形推广到一般情形; 并且计算了高阶极点的留数, 得到了一般留数定理.

1831 年, 柯西通过计算留数, 得到了重要的柯西公式, 由此他研究了有导数的单复变函数 (全纯函数) 的级数展开, 并且得到了柯西不等式. 他证明了在圆盘内的全纯函数可展开成幂级数即泰勒级数, 阐明了全纯性与解析性之间的关系.

1846 年, 柯西与一位比利时数学家拉马勒 (Lamarle) 进行了涉及函数单值性的争论, 于是他决心研究单复变函数的理论基础. 早在 19 世纪初期, 韦塞尔 (C. Wessel), 阿尔冈 (J. R. Argand) 和高斯早已引用了复平面. 可是柯西认为数学的基础应当建立在形式严密的命题上, 而不应当建立在直观上. 于是他一直把 i 只是作为一种计算工具. 从 1846 年起, 柯西犹豫了 3 年, 直到审查了他的学生圣韦南 (B. Saint Venant) 关于"几何计算"的著作, 以及在理论上的需要, 最终于 1849 年以"几何量理论"的名义采用了复平面. 当时他是巴黎大学数理天文学教授, 系统地讲述了他的函数论. 1851 年, 通过审查埃尔米特 (C. Hermite) 关于椭圆函数以及皮瑟 (V. Puiseux) 关于代数函数的著作, 进一步刺激了柯西关于复变函数的研究, 并且进一步阐明了一些基本概念.

（二）分析基础

在 18 世纪，欧拉只考虑有"解析表示式"的函数，他认为这种函数是连续的，并且可以展开成幂级数．他认为在一个区间的子区间上有不同解析表示式的函数是不连续的．

对于分析基础，在柯西以前有种种处理法．

（1）按照莱布尼茨的传统，以无穷小量为基础建立微积分．例如欧拉把无穷小量看作在消失的量，它们的值为零，但其比值可能取有限值．

（2）按照牛顿的传统，以几何及力学的直观为基础建立微积分．

（3）拉格朗日与欧拉一样，都把连续函数看作可展开成幂级数．他把 $f(x+\zeta)$ 通过形式计算展开成 ζ 的幂级数，其中 ζ 的系数就是导数 $f'(x)$，…．这样就可不采用无穷小和取极限来建立分析基础．拉克鲁瓦[①]仍然借助幂级数展开式，通过取极限得到导数．

柯西在综合工科学校的教学中，把分析基础用更准确的概念建立在更严格的基础上．新基础的关键是极限概念．对于变量的极限，柯西的定义是："当同一变量逐步所取的值无限接近一个固定的值，终于它们与固定的值相差可任意小时，这个固定值叫作变量所有值的极限．"无穷小量就是极限是零的变量．这些定义虽然还不够形式化，可是在数学史上起了划时代的作用．

柯西的函数定义仍然与欧拉接近，但他准确地下了连续函数的定义，可是没有建立一致连续的概念．他

---

① 马克思的《数学手稿》中引用的是他编写的分析教程．

第 3 章　柯西评传

根据极限理论明确了级数收敛的定义，并且给出了级数收敛的一些判别法.

虽然柯西认为连续函数都有导数，然而他给出了导数和微分的明确定义以及一些计算方法.他否定了任何连续函数都可展开成幂级数，举出了有任意阶导数，而不能展开成幂级数的一个函数.他证明了泰勒公式，并且给出了泰勒级数收敛的判别法.他引进了中值公式，但在其估计中由于没有一致连续概念而产生了错误.他明确了定积分的定义，也是由于没有一致连续概念而不能正确证明：在一定条件下积分存在.

根据以上所述，可见柯西所取得的成果都是通过学习前人著作，通过交流，通过辛勤钻研取得的；成果的取得有其逐步发展过程，是得之不易的；对数学中问题的认识难免有时代的局限性；教学相长是促进数学发展的动力.这些对于研究数学、发展数学都是十分有教益的.

若干有关函数方程的其他问题

第 4 章

§1 多项式方程

在本章中,我们考虑一些形形色色的函数方程,这些方程都有某些特殊的性质,因而需要采用一些不易用于其他问题的特殊技巧.这里我们所要考虑的各类问题要明显难于前几章中所考虑的问题.最后,在本章末我们考虑某些解答时需要群论知识的函数方程.

让我们从考虑多项式方程开始.在这里,我们假设函数方程的解都是多项式.显然,前几章中的方法也可以用在这里.然而,如果已知解就是多项式,那么考虑一些其他的特殊方法是值得的.在以下的讨论中,我们通常假设所考虑的多项式是实变量和实系数的.然而,

第4章 若干有关函数方程的其他问题

有时我们也需在复平面上考虑问题,即使所说的函数方程是只用实数表示的. 因此我们会考虑具有实系数或复系数的实或复变量的多项式. 首先,我们可能会利用所给的方程来确定多项式的次数. 设 $\deg f$ 表示多项式 $f(x)$ 的次数. 设 $(fg)(x) = f(x)g(x)$,而 $(f \circ g)(x) = f[g(x)]$,那么

$$\deg [fg] = \deg f + \deg g \qquad ①$$
$$\deg f \circ g = \deg f \cdot \deg g \qquad ②$$

利用上述公式可从任意用到多项式的乘法和复合的多项式方程导出一个关于多项式次数的方程.

例1 考虑方程

$$f(x-1)f(x+1) = f(f(x)) \qquad ③$$

其中 f 是实系数的多项式. 设 $d = \deg f$,则方程左边的次数是 $2d$,而右边的次数是 d^2. 那样 $2d = d^2$,由此推出 $d = 0$ 或 $d = 2$. 一个零次多项式是常数,而仅有的满足方程的常数多项式 $f(x) = c$ 是 $c = 0$ 或 $c = 1$.

现在可以考虑 $d = 2$ 的情况. 我们留给读者验证这时的答案是

$$f(x) = (x-1)^2$$

下一个用来解多项式方程的方法涉及下面的原理:

性质1 假设 $f(x)$ 是下述意义上的周期的多项式,那么对所有的 x,$f(x) = c$. 所谓 $f(x)$ 是周期的意为存在某个 $a \neq 0$,使得对所有的实数 x 都有 $f(x+a) = f(x)$.

证明是常规的. 现在让我们考虑如何对多项式方程应用这一原理. 假设对所给的多项式函数方程已经求出了一个解 f_0,我们必须要问,这是否是仅有的

Cauchy 函数方程

解？或者还有其他的解？我们可把一般解写成
$$f(x) = f_0(x) + g(x)$$
其中 $g(x)$ 是某个有待确定的多项式. 有可能证明 $g(x)$ 满足性质 4.2, 因此推出方程的所有解具有形式 $f_0(x) + c$.

例 2 为了解释上面的想法, 考虑所有满足方程
$$f(x+1) - f(x-1) = 6x^2 + 2$$
的多项式.

由观察法看出 $f_0(x) = x^3$ 是一个解. 但是这是仅有的解吗？设一般的解具有形式 $f(x) = x^3 + g(x)$, 我们将其代入所给的方程而得出对所有的 x 有
$$g(x+1) - g(x-1) = 0$$
因此 $g(x)$ 是一个满足性质 1 的函数, 其中 $a=2$. 因此 $f(x) = x^3 + c$, 由此立即推出 c 可以是任意常数.

函数方程也可以用来直接提供有关多项式的根的信息. 为说明这一点, 这里有一个 1995 年罗马尼亚冬季数学竞赛的试题.

例 3 我们寻求方程
$$f(x^2) = f(x)f(x-1) \qquad ④$$
的所有不恒等于零的多项式解. 从这个方程中我们不可能立即得出任何关于多项式 $f(x)$ 的次数的限制, 由于和次数 $d = \deg f$ 相联的方程是 $2d = 2d$. 代替关于次数的方程, 在复平面 $\mathbf{C}$ 上考虑 f 的根的性质却是有用的. 假设 $f(z) = 0$, 那么由此得出 $f(z^2) = f(z)f(z-1) = 0$. 因此 z^2 也是方程的根. 所以如果 $\mathscr{Z}$ 是 f 在复平面上所有的根的集合, 那么 $\mathscr{Z}$ 在映射 $z \mapsto z^2$ 下是不变的. 然而如果 $|z| > 1$ 或 $0 < |z| < 1$, 那么序列
$$z, z^2, z^4, z^8, \cdots$$

将在复平面上产生不同的点. 由于 $\mathscr{L}$ 是有限的,所以这是不可能的. 那样 f 的根只能是 $z=0$ 或 $|z|=1$. 类似地,如果 $z-1$ 是根,那么 z^2 也是. 所以 $\mathscr{L}$ 在映射 $z \mapsto (z+1)^2$ 下是封闭的. 剩下的问题留给读者去解决.

§2 幂级数方法

比假设未知函数是多项式限制更少的条件是假设函数有幂级数表示.

考虑方程
$$f\left(\frac{x+x^2}{2}\right)=\frac{1}{2}f(x) \qquad ①$$

读者将回想到这是一个施罗德方程,其中 $\alpha(x)=\frac{x+x^2}{2}$. 设 $\alpha(x)=\frac{x+x^2}{2}$,如果 $0<x<1$,那么 $\alpha^n(x)$ 以渐近于比率为 $\frac{1}{2}$ 的等比数列的行为趋近于 0. 应用柯尼格斯算法,我们得出
$$f(x)=\lim_{n\to\infty} 2^n \alpha^n(x) \qquad ②$$
是方程的一个解. 这个极限难以用熟知的函数表出. 然而 $\alpha^n(x)$ 是一个 $2n$ 次的多项式. 这建议我们对 $0 \leqslant x < 1$ 寻求以幂级数表出的解 $f(x)$
$$f(x)=a_0+a_1 x+a_2 x^2+a_3 x^3+\cdots \qquad ③$$
假设这个级数收敛. 在式 ① 中令 $x=0$,我们看出 $a_0=0$. 由于用任意常数去乘式 ① 的解仍得到一个式 ① 的解,我们可以认为 a_1 是任意的并令它等于 1. 现在把我们的幂级数代回式 ① 中去. 这给出

Cauchy 函数方程

$$\left(\frac{x+x^2}{2}\right)+a_2\left(\frac{x+x^2}{2}\right)^2+a_3\left(\frac{x+x^2}{2}\right)^3+\cdots$$

$$=\frac{1}{2}x+\frac{a_2}{2}x^2+\frac{a_3}{2}x^3+\cdots \qquad ④$$

现在,我们把左边展开并合并同类项就得出

$$\frac{1}{2}x+\left(\frac{1}{2}+\frac{a_2}{4}\right)x^2+\left(\frac{a_2}{2}+\frac{a_3}{8}\right)x^3+\cdots$$

$$=\frac{1}{2}x+\frac{a_2}{2}x^2+\frac{a_3}{2}x^3+\cdots \qquad ⑤$$

下面我们要用到一个幂级数的有用的性质:两个 x 的幂级数相等的充分必要条件是对应的系数相等. 令 $b_m = \frac{a_m}{2^m}$,那么我们就得到

$$b_0 = 0 \qquad ⑥$$

$$b_1 = \frac{1}{2} \qquad ⑦$$

把这些式子和 $m \geqslant 1$ 时的以下式子合并考虑

$$(2^{2m-1}-1)b_{2m} =$$
$$\binom{2m-1}{1}b_{2m-1}+\binom{2m-2}{2}b_{2m-2}+\cdots+\binom{m}{m}b_m$$
$$\qquad ⑧$$

$$(2^{2m}-1)b_{2m+1} =$$
$$\binom{2m}{1}b_{2m}+\binom{2m-1}{2}b_{2m-1}+\cdots+\binom{m+1}{m}b_{m+1}$$
$$\qquad ⑨$$

用以上公式就可逐步地确定 $f(x)$ 的幂级数

$$f(x)=x+2x^2+\frac{8x^3}{3}+\frac{24x^4}{7}+\frac{416x^5}{105}+\cdots \qquad ⑩$$

图 1 给出了这个函数的图像.

第 4 章　若干有关函数方程的其他问题

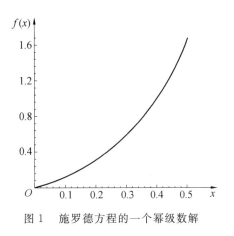

图 1　施罗德方程的一个幂级数解

§3　涉及算数函数的方程

在前两节中我们已经考虑了对解的函数类有所限制的函数方程问题. 在本节中,我们将考虑一种完全不同的限制,这种限制彻底改变了解的性质.

考虑以下柯西型方程
$$f(xy) = f(x)f(y)$$
其中 x 和 y 是严格正的. 我们已经见过这个方程的正的连续解(假设 f 不是处处等于零的函数)是一个形如 $f(x)=x^k$ 的幂函数,其中 k 是某个实数. 现在假设我们把函数 f 的定义域限制在正整数上. 用类似的符号自然地得出
$$f(mn) = f(m)f(n) \quad (m, n \in \{1, 2, 3, \cdots\}) \quad ①$$
如果上面的方程对所有的 m, n 都成立,那么就称这个函数是完全积性的. 利用归纳法容易证明任意完全积性函数对所有的正整数 l 也满足

Cauchy 函数方程

$$f(n_1 n_2 \cdots n_l) = f(n_1) f(n_2) \cdots f(n_l)$$

当把函数 f 的定义域限制在正整数上时,方程的解又是什么呢?显然幂函数 $f(n) = n^k$ 将仍然满足方程①.那么是否还有其他函数呢?设 $m = n = 1$,像以前一样我们看出 $f(1) = f(1)^2$,因此 $f(1) = 0$ 或者 $f(1) = 1$.就像以前一样,如果 $f(1) = 0$,那么对所有的 n 有

$$f(n) = f(1 \cdot n) = f(1) f(n) = 0$$

因而 f 是处处等于零的函数.

现在让我们限于考虑情况 $f(1) = 1$,假设整数 $n > 1$ 有素因子分解式

$$n = p_1^{d_1} p_2^{d_2} \cdots p_j^{d_j}$$

其中,$p_1, p_2, \cdots, p_j$ 是素数而 $d_1, d_2, \cdots, d_j$ 是正整数.应用 ① 和归纳法,我们得出

$$f(n) = f(p_1)^{d_1} f(p_2)^{d_2} \cdots f(p_j)^{d_j} \qquad ②$$

不像柯西乘法函数方程,由于任意满足这个性质的函数都是完全积性的,所以上式就是我们所能得出的全部结果了.在所有那些函数中,对每一个素数 p,幂函数 $f(p) = p^k$ 是形式最简单的.

完全积性函数的研究通常认为是数论的一个分支,而不是函数方程的研究对象.然而,这主要是一个定义的问题.一些数论中用到的普通函数都是完全积性的.这些函数包括:

1. 对任意素数 p,定义勒让德(Legendre)符号为

$$\left(\frac{n}{p}\right) = \begin{cases} 1 & (\text{如果 } n \text{ 在模 } p \text{ 下是平方数}) \\ 0 & (\text{如果 } p \text{ 整除 } n) \\ -1 & (\text{如果 } n \text{ 在模 } p \text{ 下不是平方数}) \end{cases} \qquad ③$$

我们可以把勒让德符号写成

第 4 章 若干有关函数方程的其他问题

$$\left(\frac{n}{p}\right) = n^{\frac{p-1}{2}} \pmod{p}$$

那么

$$\left(\frac{mn}{p}\right) = \left(\frac{m}{p}\right)\left(\frac{n}{p}\right)$$

2. 刘维尔(Liouville) 函数的定义为

$$\lambda(n) = (-1)^{\Omega(n)} \qquad ④$$

其中 $\Omega(n)$ 是熟知的大欧米伽函数，表示 n 的把重数算进去的素因子的个数. 即

$$\lambda(p_1^{d_1} p_2^{d_2} \cdots p_j^{d_j}) = (-1)^{d_1 + d_2 + \cdots + d_j}$$

现在让我们转向数学竞赛中的积性函数问题. 1998 年在台湾举行的 IMO 的问题 6 是①：

例 4 考虑从所有的正整数 **N** 到自身的函数 f，它对 **N** 中所有的 m 和 n 满足

$$f(n^2 f(m)) = m(f(n))^2 \qquad ⑤$$

确定尽可能小的 $f(1\,998)$ 的值.

解 首先看出，这个函数不一定是完全积性的. 我们的第一个任务是得出函数的积性. 设 $f(1) = a$，并令 $m = 1$，我们得出

$$f(an^2) = [f(n)]^2 \qquad ⑥$$

然后设 $n = 1$，我们得出

$$f(f(m)) = a^2 m \qquad ⑦$$

因而

$$[f(m)f(n)]^2 = [f(m)]^2 f(an^2) \qquad (由 ⑥)$$
$$= f(m^2 f(f(an^2))) \qquad (由 ⑤)$$

---

① 在每届 IMO 中问题 6 传统上被认为是为了淘汰铜牌得主和银牌得主而挑出金牌得主的"金牌问题".

Cauchy 函数方程

$$= f(m^2 a^2 a n^2) \qquad (由 ⑦)$$
$$= (f(amn))^2 \qquad (由 ⑥)$$

两边开平方,我们得出

$$f(amn) = f(m)f(n) \qquad ⑧$$

在 ⑧ 中令 $n=1$,我们得出

$$f(am) = f(m)f(1) = af(m) \qquad ⑨$$

合并 ⑧ 和 ⑨,我们有对所有的正整数 m,n 成立

$$af(mn) = f(m)f(n) \qquad ⑩$$

下一步是证明对每个正整数 n 有 a 整除 $f(n)$. 假设 p 是任意一个素数并设 p^r 和 p^s 分别是整除 a 和 $f(n)$ 的 p 的最高次幂. 在 ⑩ 中令 $m=n$,我们得出 $af(n^2) = [f(n)]^2$. 应用数学归纳法并连续运用此式,我们有

$$a^{k-1} f(n^k) = [f(n)]^k \quad (k=1,2,\cdots) \qquad ⑪$$

整除 $[f(n)]^k$ 的 p 的最高次幂是 p^{ks}. 类似地,整除 a^{k-1} 的 p 的最高次幂是 $p^{(k-1)r}$. 因此对每个正整数 k,方程 ⑪ 蕴含 $(k-1)r \leqslant ks$. 这只可能在 $r \leqslant s$ 时成立. 由于 p 是任意素数,因此 a 必须整除 $f(n)$.

设 $g(n) = \dfrac{f(n)}{a}$. 由于 a 整除 $f(n)$,所以函数 g 取正整数值. 对 g 来说,方程 ⑩ 成为

$$g(mn) = g(m)g(n) \qquad ⑫$$

这说明 g 是完全积性函数. 还要注意,在 ⑥ 中令 $n=1$ 得出 $f(a) = a^2$,因此

$$g(a) = a \qquad ⑬$$

由此得出

$$g(g(n)) = g(a) \frac{g(g(n))}{a}$$

第4章 若干有关函数方程的其他问题

$$= \frac{g(ag(n))}{a}$$
$$= \frac{g(f(n))}{a}$$
$$= \frac{f(f(n))}{a^2}$$
$$= \frac{a^2 n}{a^2} = n \qquad ⑭$$

那样 g 是在正整数上的完全积性的对合.

现在让我们回到原来的问题中所说的函数方程上去. 事实上, 新的函数 g 也必须满足这个方程. 为此, 我们看出

$$g(n^2 g(m)) = g(n^2) g(g(m))$$
$$= [g(n)]^2 g(g(m))$$
$$= m [g(n)]^2$$

现在我们需要证明 g 的最后一个性质. 假设 p 是一个素数. 设 $g(p) = tu$, 其中 t 和 u 都是正整数, 那么

$$g(g(p)) = g(tu) = g(t) g(u)$$
$$g(t) g(u) = g(g(p)) = p$$

由此得出 $g(t)$ 和 $g(u)$ 之中一个必须等于 1, 另一个必须等于 p. 不失一般性, 设 $g(t) = 1$, 那么

$$t = g(g(t)) = g(1) = 1$$

由此得出, 对每一个素数 p, $g(p)$ 必须是一个素数.

记住, 我们要求的是 $f(1\,998)$ 的尽可能小的值, 其中 f 要满足所给的函数方程. 然而对任何那种 f, 由于 a 是一个正整数, 我们有 $g(1\,998) \leqslant f(1\,998)$. 由于 g 也满足这个函数方程, 所以 g 本身就是一个 f, 因此只要找到 $g(1\,998)$ 的可能的最小值就够了. 由于 g 是完全积性的, 故

$g(1\ 998) = g(2 \times 3^3 \times 37) = g(2) \cdot [g(3)]^3 \cdot g(37)$

其中,$g(2),g(3)$ 和 $g(37)$ 必须是素数. 如果我们想让 $g(1\ 998)$ 最小,我们自然必须对这三个值指定可能使 $g(2) \cdot [g(3)]^3 \cdot g(37)$ 最小的素数. 这可取 $g(2)=3,g(3)=2$ 和 $g(37)=5$ 或者 $g(2)=5,g(3)=2$ 和 $g(37)=3$. 不过最后所得出的结果都一样,即 $g(1\ 998)$ 的可能的最小值是 $3 \times 2^3 \times 5 = 120$.

这个漂亮的问题确实不愧是一个金牌问题. 其解答综合了数论,积性函数,对合和代数的思想. 其中有很多不寻常的步骤,然而没有一步需要用到高深的数学.

§4 一个利用特殊群的方程

我们最后通过考虑一个问题来结束这一章关于函数方程的综述,在这个问题的解答中需要某些群论的知识. 考虑下面的问题,这个问题是 2001 年在华盛顿特区举办的 IMO 的第二轮预选题.

例 5 求对所有的 x 和 y 满足
$$f(xy)(f(x) - f(y)) = (x-y)f(x)f(y) \quad ①$$
的所有函数 $f: \mathbf{R} \to \mathbf{R}$.

解 在方程 ① 中令 $y=1$,我们得出
$$[f(x)]^2 = xf(x)f(1) \quad ②$$
如果 $f(1)=0$,那么方程 ② 蕴含对所有的实数 x,$f(x)=0$. 因此我们限于注意 $f(1)=a \neq 0$ 的情况.

从现在开始,我们就不用再想上面的. 因为解是显然的. 只要用 $f(x)$ 去除方程 ② 的两边就可以得出

第4章 若干有关函数方程的其他问题

$f(x)=ax$. 由于这个解适合原来的方程,我们可能会觉得这道题的讨论已经可以结束了.

然而,情况并不是那么简单,由于当我们用 $f(x)$ 去除方程的两边时,已暗中假定 $f(x) \neq 0$. 因此我们需要更仔细地检验一下. 首先注意在方程 ② 中如果设 $x=0$,就可得出 $f(0)=0$. 对于使得 $f(x) \neq 0$ 的 x 的集合,我们能说些什么呢? 设

$$G=\{x \in \mathbf{R} \mid f(x) \neq 0\}$$

我们已经得到

$$0 \notin G \text{ 而 } 1 \in G$$

方程 ② 蕴含:

对所有的 $x \in G$, $x^2 \in G$.

此外,方程 ① 蕴含:

如果 x 和 y 是 G 的元素,并且 $x \neq y$,那么 $x,y \in G$.

把最后两个命题合在一起,我们就推出 G 在乘法运算下封闭.

下一步,我们假设 $f(x) \neq 0$ 和 $f(y)=0$,再次从方程 ① 得出 $f(xy)=0$. 因此我们也得出

如果 $x \in G$ 并且 $y \notin G$,那么 $xy \notin G$

由此可以得出

如果 $x \in G$,那么 $x^{-1} \in G$

由于如果 x^{-1} 不在 G 中,那么 $1=xx^{-1}$ 将也不在 G 中,这就得出矛盾.

让我们总结一下我们发现的 G 的性质:

集合 G 是一个非零实数的集合,它在乘法运算 xy 下和倒数运算 $x \mapsto x^{-1}$ 下是封闭的,并且含有乘法单位元.

Cauchy 函数方程

现在我们已经站在了可以刻画方程 ① 的所有解的位置上了. 假设 $f(x)$ 是方程 ① 的一个不处处为零的解. 那么就存在一个具有上述性质的集合 G 和一个实数 $a \neq 0$,使得

$$f(x) = \begin{cases} ax & (x \in G) \\ 0 & (x \notin G) \end{cases} \qquad ③$$

为看出这点,首先注意任意那种函数满足所给的方程. 此外,使得 f 不为零的值的集合具有上面所给的性质. 在这个集合 G 上我们可以用 $f(x)$ 去除方程 ② 的两边,由此我们就得出表达式 $f(x) = ax$,其中 $a \neq 0$.

一个在乘法运算下封闭,具有乘法单位元 1 和使得其每个元素 x 具有乘法逆元 x^{-1} 的集合 G 称为一个乘法群. 在群中的运算是实数的乘法这种特殊的情况下,群的运算是交换的. 那种群称为交换群或阿贝尔群. 显然所有非零的实数构成一个群. 然而有很多其他的集合,包括有理数 **Q** 也可以选来作为 G. 这个问题的优美就在于它表明了群的思想的丰富性.

尽管这个问题本身并不需要用到任何特殊的乘法群,然而群的思想在其解答中是本质的.

经过反复考虑后,2001 年 IMO 华盛顿特区的评审团决定不采用这道可爱的问题作为那一年竞赛时六道题之一. 某些评审团成员,包括作者在内担心学生虽然可能会解出这个问题,但不能理解把解写成上面所给的形式才是完全的. 这种担心是完全可以理解的,由于我们的解是相当抽象的. 也许我,还有其他的评审团成员应当更多相信某些极有天才的学生的眼光和洞察力. 然而我们将再也不会知道这个也许是否是对的了.

实数集的连续性
—— 极限理论中的一些基本定理

附录 Ⅰ

本附录研究实数集的最重要的一个基本性质——所谓连续性. 我们先来扩充基本数列的概念.

定义 实数列 $\{a_n\}$, 若对任意 $\varepsilon > 0$, 存在序号 N, 当 $n > N$ 时, 对任意自然数 p, 都成立不等式

$$|a_{n+p} - a_n| < \varepsilon$$

称实数列 $\{a_n\}$ 为基本实数列.

我们知道, 在有理数体内的基本数列不全有极限, 由此, 从基本有理数列出发, 得到了一种新的数——无理数. 现在我们自然要提出类似的问题: 在实数体内, 基本实数列是否都有极限? 从而由基本实数列出发还会不会得到不同于实数的新数? 我们在这一节将证明: 每一个实数的基本数列都有某一个实数作为它的极限. 因而不可能由此再引入新数了.

Cauchy 函数方程

下面我们证明反映实数连续性的几个基本定理.

定理 1(实数集的连续性 —— 柯西定理)　对于每一个基本实数列都存在一个实数作为它的极限.

设给定一个基本的实数列$\{a_n\}$,依上节定理的推论,我们引进一个有理数列$\{r_n\}$,使之满足条件

$$|a_n - r_n| < \frac{1}{n} \qquad ①$$

我们来证明$\{r_n\}$是基本数列,事实上

$$|r_{n+p} - r_n| = |r_{n+p} - a_{n+p} + a_{n+p} - a_n + a_n - r_n|$$
$$\leqslant |r_{n+p} - a_{n+p}| + |a_{n+p} - a_n| + |a_n - r_n|$$
$$< \frac{1}{n+p} + |a_{n+p} - a_n| + \frac{1}{n} \qquad ②$$

任意给$\varepsilon > 0$,由于$\{a_n\}$为基本数列,而且

$$\frac{1}{n} \to 0 (n \to \infty)$$

所以存在序号N,使当$n > N$,及对任意自然数p,有

$$\frac{1}{n} < \frac{\varepsilon}{3}, |a_{n+p} - a_n| < \frac{\varepsilon}{3}, \frac{1}{n+p} < \frac{1}{n} < \frac{\varepsilon}{3}$$

由此,当$n > N$,p为自然数时,依不等式 ② 有

$$|r_{n+p} - r_n| < \frac{\varepsilon}{3} + \frac{\varepsilon}{3} + \frac{\varepsilon}{3} = \varepsilon$$

即数列$\{r_n\}$是基本有理数列. 于是,存在一个实数α,使得

$$\lim_{n \to \infty} r_n = \alpha$$

现在证明:这个实数α也同时是数列$\{a_n\}$的极限.

事实上,任给$\varepsilon > 0$,取足够大的N,使当$n > N$时,有

$$\frac{1}{n} < \frac{\varepsilon}{2}, |r_n - \alpha| < \frac{\varepsilon}{2}$$

附录 Ⅰ 实数集的连续性 —— 极限理论中的一些基本定理

于是当 $n > N$ 时,便有
$$|a_n - \alpha| = |a_n - r_n + r_n - \alpha|$$
$$\leqslant |a_n - r_n| + |r_n - \alpha|$$
$$< \frac{\varepsilon}{2} + \frac{\varepsilon}{2} = \varepsilon$$

所以 $\lim\limits_{n \to \infty} a_n = \alpha$.

注 这个定理的证明是找一个与实数列 $\{a_n\}$ "靠近"的有理数列 $\{r_n\}$ 来代替它,"靠近"的条件是不等式 ①;$\{r_n\}$ 与 $\{a_n\}$ 应该有相同的极限. 这时,实数列 $\{a_n\}$ 的"基本性"可以转移到有理数列 $\{r_n\}$ 上,这个转移是问题的关键. 因为基本实数列是否有极限正是有待讨论的,暂时还是未知的,而基本有理数列有极限则是已知的.

通过适当的变换把未知转化为已知,是处理数学问题最基本的思想方法之一,值得充分注意.

由此我们得到有关数列极限存在的一个重要准则. 它是极限理论中最主要的基础定理之一.

定理 2(关于数列极限存在的柯西准则) 实数列 $\{a_n\}$ 有极限的充分且必要条件是 $\{a_n\}$ 为基本数列.

下面我们来说明关于实数集的连续性的康托定理.

首先,我们来解释关于区间的一些概念.

设有任意两个实数 $a < b$,满足不等式 $a < x < b$ 的一切实数 x 的全体所成的集合称为开区间,记作 (a, b). 类似地,满足不等式 $a \leqslant x < b$ 或 $a < x \leqslant b$ 的一切 x 的全体,称为半开区间,分别记作:$[a, b)$ 或 $(a, b]$;又满足不等式 $a \leqslant x \leqslant b$ 的一切实数 x 的全体所成的集合称为闭区间,记作 $[a, b]$.

差 $b-a$,称为区间 $[a,b]$ 的长度.

定义(区间套) 若闭区间序列
$$[\alpha_1,\beta_1],[\alpha_2,\beta_2],[\alpha_3,\beta_3],\cdots,[\alpha_n,\beta_n],\cdots$$
满足下列两个条件时,则称之为区间套:

i) 其中前一个包含着后一个,即
$$[\alpha_1,\beta_1]\supseteq[\alpha_2,\beta_2]\supseteq[\alpha_3,\beta_3]\supseteq\cdots\supseteq[\alpha_n,\beta_n]\supseteq\cdots$$
而对任意 n 与自然数 p 都有: $\alpha_n\leqslant\alpha_{n+p}\leqslant\beta_{n+p}\leqslant\beta_n$.

ii) 区间长度序列
$$\beta_1-\alpha_1,\beta_2-\alpha_2,\beta_3-\alpha_3,\cdots,\beta_n-\alpha_n,\cdots$$
当 $n\to\infty$ 时趋向于 0,即
$$\lim_{n\to\infty}(\beta_n-\alpha_n)=0$$

区间套的例子:

1. 区间序列
$$[0,1],\left[\frac{1}{2},1\right],\left[\frac{1}{4},1\right],\left[\frac{1}{8},1\right],\cdots,\left[\frac{1}{2^n},1\right],\cdots$$
构成区间套.数 1 是这个区间套中一切区间的唯一的公共点(图 1).

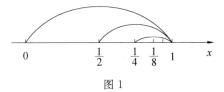

图 1

2. 区间序列
$$[-1,1],\left[-\frac{1}{2},\frac{1}{2}\right],\left[-\frac{1}{3},\frac{1}{3}\right],\cdots,\left[-\frac{1}{n},\frac{1}{n}\right],\cdots$$
构成区间套.数 0 是这个区间套中一切区间的唯一的公共点(图 2).

附录 Ⅰ   实数集的连续性 —— 极限理论中的一些基本定理

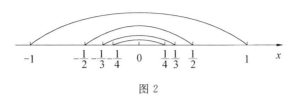

图 2

3. 开区间序列

$$(0,1), \left(0,\frac{1}{2}\right), \left(0,\frac{1}{3}\right), \cdots, \left(0,\frac{1}{n}\right), \cdots$$

虽然有

$$(0,1) \supset \left(0,\frac{1}{2}\right) \supset \left(0,\frac{1}{3}\right) \supset \cdots$$

及 $\left(0,\frac{1}{n}\right)$ 的长度 $=\frac{1}{n} \to 0 (n \to \infty)$, 但不是区间套. 因为它们不是闭区间. 这些开区间没有公共点.

4. 闭区间序列

$$\left[-1-\frac{1}{2}, 1+\frac{1}{2}\right], \left[-1-\frac{1}{3}, 1+\frac{1}{3}\right],$$

$$\left[-1-\frac{1}{4}, 1+\frac{1}{4}\right], \cdots, \left[-1-\frac{1}{n}, 1+\frac{1}{n}\right], \cdots$$

虽然也是一个套着一个的, 即有

$$\left[-1-\frac{1}{2}, 1+\frac{1}{2}\right] \supset \left[-1-\frac{1}{3}, 1+\frac{1}{3}\right] \supset$$

$$\left[-1-\frac{1}{4}, 1+\frac{1}{4}\right] \supset \cdots$$

但不构成区间套, 因为区间长度序列不趋于 0, 即

$$\left(1+\frac{1}{n}\right) - \left(-1-\frac{1}{n}\right) = 2 + \frac{2}{n} \to 2 \neq 0 (n \to \infty)$$

定理 3(实数集的连续性 —— 康托定理)   若闭区间序列 $[\alpha_1, \beta_1], [\alpha_2, \beta_2], [\alpha_3, \beta_3], \cdots, [\alpha_n, \beta_n], \cdots$, 构成区间套, 则存在唯一的实数 γ, 属于一切区间, 即对

Cauchy 函数方程

一切 n 都有
$$\alpha_n \leqslant \gamma \leqslant \beta_n$$

证明 我们先来证明区间套左端点序列 $\{\alpha_n\}$ 有极限,为此我们只需证明它是基本数列. 任给 $\varepsilon > 0$, 由于区间套应满足条件 ii), 故存在自然数 N, 当 $n > N$ 时有
$$0 \leqslant \beta_n - \alpha_n < \varepsilon \qquad ③$$
又由于区间套须满足条件 i), 即对任意自然数 p, 都有
$$\alpha_n \leqslant \alpha_{n+p} \leqslant \beta_{n+p} \leqslant \beta_n \qquad ④$$
由不等式 ③ 和 ④ 可见, 当 $n > N$ 时, 对任意自然数 p, 有
$$0 \leqslant \alpha_{n+p} - \alpha_n \leqslant \beta_n - \alpha_n < \varepsilon$$
这证明了数列 $\{\alpha_n\}$ 是基本数列, 由定理 1 知它有极限, 设为 γ, 则 $\lim\limits_{n\to\infty}\alpha_n = \gamma$.

现在我们来证明 γ 即为所求.

我们首先证明对任意 n, 有 $\alpha_n \leqslant \gamma$, 假若相反, 即存在某个 n_0, 使 $\alpha_{n_0} > \gamma$, 记 $d = \alpha_{n_0} - \gamma > 0$. 又因为按定理条件, 对任意 p 都有 $\alpha_{n_0} \leqslant \alpha_{n_0+p}$, 于是 $\alpha_{n_0+p} - \gamma \geqslant \alpha_{n_0} - \gamma > 0$, 这表明数列 $\{\alpha_n\}$ 充分远的一切项与实数 γ 的距离 $|\alpha_{n_0+p} - \gamma| = \alpha_{n_0+p} - \gamma$ 总大于(或等于)一个定数 d, 不会任意小, 从而不可能以 γ 为极限, 这与已知 γ 为数列 $\{\alpha_n\}$ 的极限这一事实相矛盾.

同理可证, 对任意 n 都有 $\gamma \leqslant \beta_n$, 所以对一切 n
$$\alpha_n \leqslant \gamma \leqslant \beta_n$$

最后, 我们来证明 γ 的唯一性. 假若相反, 设有两个数 $\gamma_1 < \gamma_2$, 属于上述区间, 即对任意 n, 都有 $\alpha_n < \gamma_1 < \gamma_2 < \beta_n$, 则对任意 n 都有 $\beta_n - \alpha_n \geqslant \gamma_2 - \gamma_1 > 0$, 这与定理的条件

附录 Ⅰ　实数集的连续性 —— 极限理论中的一些基本定理

$$\lim_{n\to\infty}(\beta_n - \alpha_n) = 0$$

相矛盾.

注 1　同样可以证明,也有 $\lim\limits_{n\to\infty}\beta_n = \gamma$,从而区间套的公共点数 γ 同时也是该区间套左、右端点序列的共同极限,即

$$\lim_{n\to\infty}\alpha_n = \lim_{n\to\infty}\beta_n = \gamma$$

注 2　区间套定理,提供了寻找具有某种条件的实数的方法:如果知道这个实数在某一个区间里,然后逐步缩小这个区间,作成一个区间套,且使其中的每一个区间都仍然包含这个数(这是最主要的),那么这个区间套的公共数,即为所求.

这是我们常常使用的方法,下面定理 4 的证明就提供了一个典型例子.

为了证明下面的定理 4,我们先来解释数列的单调性.

满足关系

$$a_1 \leqslant a_2 \leqslant a_3 \leqslant \cdots \leqslant a_n \leqslant \cdots$$

的数列 $\{a_n\}$ 称为不减数列.

满足关系

$$a_1 < a_2 < a_3 < \cdots < a_n < \cdots$$

的数列称为递增数列.显然递增数列也是不减数列.类似地可以定义不增数列与递减数列,不减数列(包括递增数列)与不增数列(包括递减数列),统称为单调数列.

定理 3(实数的连续性 —— 数列极限存在的一个充分条件)　单调有界的实数列一定有一个实数作为它的极限.

先设数列 $\{a_n\}$ 有界,且是单调不减,数 B 作为它

的一个上界,即
$$a_1 \leqslant a_2 \leqslant \cdots \leqslant a_n \leqslant a_{n+1} \leqslant \cdots < B$$
取闭区间$[a_1, B]$,它具有这样的特点:

(1) 在其中含有数列$\{a_n\}$的项;

(2) 在其右边不含有$\{a_n\}$的项,即没有任何a_n,使$a_n > B$.

为了下面叙述方便起见,我们暂时称具有上述特点的区间为"选用"区间.把区间$[a_1, B]$分成两半,即用分点$\dfrac{a_1 + B}{2}$把它分成两个闭区间,$\left[a_1, \dfrac{a_1 + B}{2}\right]$,$\left[\dfrac{a_1 + B}{2}, B\right]$,其中必有一个为"选用"区间.

事实上,若$\dfrac{a_1 + B}{2}$的右边没有$\{a_n\}$的项(即没有a_n,使$a_n > \dfrac{a_1 + B}{2}$),则$\left[a_1, \dfrac{a_2 + B}{2}\right]$就是选用区间,若$\dfrac{a_1 + B}{2}$右边有$\{a_n\}$的项,则闭区间$\left[\dfrac{a_1 + B}{2}, B\right]$便是选用区间.

我们把选用区间记作$[\alpha_1, \beta_1]$,它的长度
$$\beta_1 - \alpha_1 = \frac{B - a_1}{2}$$
再把$[\alpha_1, \beta_1]$分为两个区间,同理,其中必有一半是选用区间,把它记为$[\alpha_2, \beta_2]$,它的长度 $\beta_2 - \alpha_2 = \dfrac{B - a_1}{2^2}$.

我们无限制继续这个过程,便得到一个由选用区间构成的序列
$$[\alpha_1, \beta_1], [\alpha_2, \beta_2], [\alpha_3, \beta_3], \cdots, [\alpha_n, \beta_n], \cdots$$
它具有性质:

i) 构成区间套,即:

附录 I 实数集的连续性——极限理论中的一些基本定理

对任意 n，都有 $\alpha_n \leqslant \alpha_{n+p} \leqslant \beta_{n+p} \leqslant \beta_n$，以及
$$\lim_{n\to\infty}(\beta_n - \alpha_n) = \lim_{n\to\infty}\frac{B - a_1}{2^n} = 0$$

ii) 每一个区间都是选用区间，即其中的每一个区间都含有 $\{a_n\}$ 的项，而它的右边不存在 $\{a_n\}$ 的项. 由 i) 根据康托定理，存在唯一的实数 α，使
$$\alpha_n \leqslant \alpha \leqslant \beta_n \qquad ⑤$$

现在我们来证明，这个数 α 就是 $\{a_n\}$ 的极限.

任意给定 $\varepsilon > 0$，由于 $(\beta_n - \alpha_n) \to 0 (n \to \infty)$，故存在 m，使 $\beta_m - \alpha_m < \varepsilon$.

由于区间 $[\alpha_m, \beta_m]$ 的"选用"性，其中含有 $\{a_n\}$ 的项，设为 a_N，即 $\alpha_m \leqslant a_N \leqslant \beta_m$，由 $\{a_n\}$ 的不减性，当 $n > N$ 时总有 $a_N \leqslant a_n$，于是当 $n > N$ 时，有 $\alpha_m \leqslant a_N \leqslant a_n \leqslant \beta_m$（不等式 $a_n \leqslant \beta_m$ 之所以成立，是因为 $[\alpha_m, \beta_m]$ 的"选用"性，在它的右边不存在任何 a_n，即没有任何 a_n，使 $a_n > \beta_m$，也就是对于一切 a_n 都有 $a_n \leqslant \beta_m$）. 或即
$$\alpha_m \leqslant a_n \leqslant \beta_m \qquad ⑥$$

合并不等式 ⑤，⑥ 得到，当 $n > N$ 时，有
$$|\alpha - a_n| \leqslant \beta_m - \alpha_m < \varepsilon$$
这表明
$$\lim_{n\to\infty} a_n = \alpha$$

对于不增而有下界的数列
$$a_1 \geqslant a_2 \geqslant a_3 \geqslant \cdots \geqslant B$$
仿此，可以证得类似的结果.

为了证明下面的定理 5，我们先引入下面的概念.

定义（实数集的分割） 设 D 为全体实数所成的集合. 把 D 分成 A 与 B 两部分，使：

(1) A 与 B 都不是空集，即它们都至少含有一个

数；

（2）A 中的任何数小于 B 中的任何数；

（3）D 中的每一个数,只含在 A 与 B 的一个之中.
称这样的分法为实数集 D 的一个分割,记作 $(A\mid B)$,其中 A 称为分割的下部,B 称为分割的上部.

例 1 把实数 1 与一切小于 1 的实数的集合作为下部 A,其余的实数所组成的集合作为上部 B,则这种分法便构成实数 D 的一个分割.

这时集 A 与 B 的界数 1 是 A 中的最大数.

例 2 把一切负数作为下部 A,数 0 与一切正数作为上部 B,则这种分法也构成实数 D 的一个分割,这时集 A 与集 B 的分界数 0 属于上部 B,是 B 中的最小数.

例 3 把小于 $\sqrt{2}$ 的一切数 a 作为下部 A,把其余实数记作上部 B,则这种分法也构成实数 D 的一个分割.

这时,作为分割的界数 $\sqrt{2}$,是上部 B 中的最小数.

定理 5（实数的连续性 —— 戴德金定理） 对于实数集的每一个分割 $(A\mid B)$ 都存在唯一的实数 α,它或者是下部 A 中的最大数,或者是上部 B 中的最小数.

这个数 α 称为分割的界数,记作

$$\alpha = (A\mid B)$$

我们取属于下部 A 的一个数 α,属于上部 B 的一个数 β,作成闭区间 $[\alpha,\beta]$,它的特点是：其左端点属于 A,右端点属于 B,把具有这种特点的区间称为"选用"区间.

我们分区间 $[\alpha,\beta]$ 为两半 $\left[\alpha,\dfrac{\alpha+\beta}{2}\right]$,$\left[\dfrac{\alpha+\beta}{2},\beta\right]$,其中一定有一半是"选用"的区间.事实上,若 $\dfrac{\alpha+\beta}{2}$ 属

附录 Ⅰ 实数集的连续性——极限理论中的一些基本定理

于 A，又已知右端点 β 属于 B，那么 $\left[\dfrac{\alpha+\beta}{2},\beta\right]$ 就是"选用"区间；若 $\dfrac{\alpha+\beta}{2}$ 不属于 A，则依实数分割的性质，它必属于 B，又已知 α 属于 A，所以 $\left[\alpha,\dfrac{\alpha+\beta}{2}\right]$ 就是"选用"区间. 我们把其中那个"选用"区间，记为：$[\alpha_1,\beta_1]$，其长度为 $\beta_1-\alpha_1=\dfrac{\beta-\alpha}{2}$. 再把 $[\alpha_1,\beta_1]$ 分为两半，同理，其中必有一半是"选用"区间，把它记作 $[\alpha_2,\beta_2]$，其长度为 $\beta_2-\alpha_2=\dfrac{\beta_1-\alpha}{2^2}$. 我们可以无限制地继续这个过程，结果便得到一个由"选用"区间构成的闭区间序列

$$[\alpha_1,\beta_1],[\alpha_2,\beta_2],[\alpha_3,\beta_3],\cdots$$

（1）这个序列构成一个区间套. 即满足

$$\alpha_1\leqslant\alpha_2\leqslant\alpha_3\leqslant\cdots\leqslant\alpha_n\leqslant\cdots\leqslant\alpha_{n+p}\leqslant\cdots\leqslant$$
$$\beta_{n+p}\leqslant\cdots\leqslant\beta_n\leqslant\cdots\leqslant\beta_3\leqslant\beta_2\leqslant\beta_1$$

且区间 $[\alpha_n,\beta_n]$ 的长度 $\beta_n-\alpha_n=\dfrac{\beta-\alpha}{2^n}\to 0(n\to\infty)$.

（2）其中每一个区间的左端点，即实数：$\alpha_1,\alpha_2,\alpha_3,\cdots$ 皆属于下部 A；而右端点，即实数：$\beta_1,\beta_2,\cdots,\beta_n,\cdots$ 皆属于上部 B. 这是由于我们所作的这些闭区间都是"选用"区间.

这里本来可以引用康托定理而完成证明，但是为了下面我们将要说明的理由，我们这里不引用康托定理而引用定理 4 来完成这个证明.

由（1）知数列 $\{\alpha_n\}$ 与 $\{\beta_n\}$ 皆为单调有界数列，依定理 4，它们有极限，而容易看出，这两个极限还是相同的，即

Cauchy 函数方程

$$\lim_{n\to\infty}\alpha_n = \lim_{n\to\infty}\beta_n = \gamma$$

根据实数集分割的性质，应该有两种可能的情形，或者 γ 属于下部 A，或者 γ 属于上部 B.

若 γ 属于下部 A，我们来证明它是下部 A 的最大数. 假若不然，则存在 $\eta \in A$，使 $\gamma < \eta$，由于 $\beta_n \to \gamma(n \to \infty)$，所以存在 m，使 β_m 比 η 更靠近于 γ，即

$$\gamma \leqslant \beta_m < \eta \qquad ⑦$$

又由于区间 $[\alpha_m, \beta_m]$ 的"选用"性，有 $\beta_m \in B$.

上述不等式 ⑦，表明有下部 A 中的数 η 大于上部 B 中的数 β_m，但这是与实数分割的性质 (2) 相矛盾的.

同样可以证明，若 γ 属于上部 B，则 γ 是 B 中的最小数.

注 一个区间若包含分割的界数，它应该是其左端点属于 A，右端点属于 B，我们曾把这种特点的区间称为"选用"区间. 因此，戴德金定理的证明要点是，构造一个"选用"区间套，这个区间套的公共点，恰是分割的界数.

下面我们将用戴德金定理来证明柯西定理，这样便得到了如下的关系图：

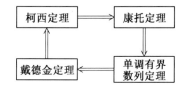

由此说明，这四个定理在有序的实数体内是等价的，它们从不同侧面同样刻画了实数集的连续性.

定理 6 若实数集的任意一个分割 $(A \mid B)$，都存

附录 Ⅰ 实数集的连续性 —— 极限理论中的一些基本定理

在唯一的实数,它或者是下部 A 中的最大数,或者是上部 B 中的最小数,则每一个基本的实数列都有极限.

设 $a_1,a_2,a_3,\cdots,a_n,\cdots$ 为基本的实数列,我们这样构成实数集的一个分割:一个数 x,若存在标号 N,使得 $n>N$ 时有: $x<a_n$,则令 $x\in A$,其余的实数都属于上部 B. 可以验证这样就构成实数集的一个分割 $(A\mid B)$.

我们先来证明它满足分割的第一个条件. 任取 $\varepsilon>0$,由于 $\{a_n\}$ 为基本数列,则存在 N,对任意自然数 p 都有

$$|a_{N+p}-a_N|<\varepsilon \text{ 或 } a_N-\varepsilon<a_{N+p}<a_N+\varepsilon$$

若令 $n=N+p$,则

$$a_N-\varepsilon<a_n<a_N+\varepsilon(n>N)$$

由此可见,数 $a_N-\varepsilon$ 属于下部 A,数 $a_N+\varepsilon$ 属于上部 B,即 A,B 都不空.

我们再来验证它满足分割的第二个条件:

设 $x\in A, y\in B$,则由 A,B 的分法,存在 N,使得 $n>N$ 时,总有

$$x<a_n \qquad ⑧$$

又由于 $y\notin A$,故不管 N 多么大,总有 $n_0>N$,使

$$y\geqslant a_{n_0} \qquad ⑨$$

由此得 $x\leqslant a_{n_0}\leqslant y$,所以 $x<y$.

由 A,B 的分法可知分割的第三个条件显然是满足的.

由定理 5,存在实数 α 为这个分割的界数.

我们来证明这个 α 又是数列 $\{a_n\}$ 的极限. 任给 $\varepsilon>0$,由于 $\{a_n\}$ 为基本数列,故可求得这样的 N,使得当 $n>N$ 时有

Cauchy 函数方程

$$|a_{n+p} - a_n| < \frac{\varepsilon}{2}$$

即

$$a_n - \frac{\varepsilon}{2} < a_{n+p} < a_n + \frac{\varepsilon}{2}$$

但对于满足 $n > N$ 的一切 n，$a_n - \frac{\varepsilon}{2}$ 属于下部 A，数 $a_n + \frac{\varepsilon}{2}$ 属于上部 B，因而对于一切 $n > N$，α 位于 $a_n - \frac{\varepsilon}{2}$ 与 $a_n + \frac{\varepsilon}{2}$ 之间（因为它是分割的界数，所以，对于任何 $a \in A, b \in B$，都有 $a \leqslant \alpha \leqslant b$）。即 $a_n - \frac{\varepsilon}{2} \leqslant \alpha \leqslant a_n + \frac{\varepsilon}{2}$。这就相当于不等式

$$|a_n - \alpha| \leqslant \frac{\varepsilon}{2} (n > N)$$

从而

$$|a_n - \alpha| < \varepsilon (n > N), \text{即} \lim_{n \to \infty} a_n = \alpha$$

注 这里我们分析一下这个定理的证明要点：设想这个数列有极限 α，它可以通过实数集的一个分割 $\alpha = (A|B)$ 得到，即这个极限 α 是分割的界数，故这个分割可以这样作成，取小于极限 α 的一切数 $x = \alpha - \varepsilon$（ε 为任意正数）构成集合 A，其余数构成集合 B，但 α 是未知的，所以关键是把数 x 的上述特征，转换成用已知条件表达的特征。这种转换可以这样实现，若数 α 是数列 $\{a_n\}$ 的极限，由极限定义则对于任意 $\varepsilon > 0$，存在序号 N，当 $n > N$ 时有 $|a_n - \alpha| < \varepsilon$，或 $\alpha - \varepsilon < a_n < \alpha + \varepsilon$，由此可见，这种数 $x = \alpha - \varepsilon$ 的特征是它小于数列 $\{a_n\}$，从某一项开始的一切项。这就摆脱了未知数 α。

附录 Ⅰ　实数集的连续性 —— 极限理论中的一些基本定理

综上所述,我们用四种不同的方法,描述了实数集的连续性.

第一种方法,即柯西的方法,与有理数不同,从由实数组成的基本数列出发不可能再得到新的数了.这反映了实数集关于极限运算具有"完备性",它关于极限运算是封闭的.

第二种方法,即康托的方法.第三种方法,即单调有界数列有极限,它们的几何意义是类似的.是与直觉的关于直线的连续性(不间断性)紧密联系着的.现在以康托方法为例,说明连续性的几何意义.我们可以设想直线上的点与实数之间已建立了一一对应,把康托定理中所陈述的一切数对应到直线上,就表明在直线上不会有间断之处,或不存在空隙.事实上,假若相反,在直线上的某处存在一个空隙,则我们就可以求得一个收缩到这个空隙的区间套而得不出属于一切这些区间的公共点,因为这里存在着一个空隙,由此,实数集的连续性可以直观地解释为:在实数的一个数值到另一个数值之间,存在着一切"中间"的数值.

最后,第四种方法,即戴德金的方法,其几何意义是将数直线上的点分成两类,使一类中的每一点都在另一类中的每一个点的左边,则存在一点而且只有一点,产生这个分割.这对于有序的有理数集是不成立的.这就是为什么数直线上的点构成一个连续统,而有理数则不可能.

实数集具有连续性,这是它不同于有理数集的一个最根本的特点.现实世界中有不少量是连续变化的,如时间的流逝,气温的变化,某些物体的运动,等等,而刻画这些量的变化规律也得有相应地连续变化的数

Cauchy 函数方程

值.实数理论就恰好是应这种客观上大量的实际需要而产生并发展起来的.

我们还可以看到,反映实数集连续性的定理 2 与定理 4,同时也是直接反映极限存在性的.极限存在性是极限理论中最重要、最根本的问题之一.这表明实数集的连续性与极限论基本问题之间具有不可分割的紧密联系.

下面我们举例说明实数连续性在极限理论中的一些简单应用.

例 1(自然对数的底 e) 我们在中学数学课本中已经遇见过数 e,它是自然对数的底,其前 11 位数是
$$e = 2.718\ 281\ 828\ 4$$

我们先来证明以
$$a_n = \left(1 + \frac{1}{n}\right)^n \qquad ⑩$$
为一般项的数列有极限,这个极限
$$\lim_{n \to \infty} \left(1 + \frac{1}{n}\right)^n$$
是一个实数.

首先,我们来证明该数列是单调的.为此我们应该比较 a_n 与 a_{n+1} 的大小.所以我们来比较它们的展开式.

根据二项式定理,有
$$a_n = \left(1 + \frac{1}{n}\right)^n = 1 + n \cdot \frac{1}{n} + \frac{n(n-1)}{2!} \cdot \frac{1}{n^2} +$$
$$\frac{n(n-1)(n-2)}{3!} \cdot \frac{1}{n^3} + \cdots +$$
$$\frac{n(n-1) \cdot 3 \cdot 2 \cdot 1}{n!} \cdot \frac{1}{n^n}$$

附录 Ⅰ　实数集的连续性——极限理论中的一些基本定理

$$= 1 + 1 + \frac{1}{2!}\left(1 - \frac{1}{n}\right) + \frac{1}{3!}\left(1 - \frac{1}{n}\right)\left(1 - \frac{2}{n}\right) + \cdots +$$
$$\frac{1}{n!}\left(1 - \frac{1}{n}\right)\left(1 - \frac{2}{n}\right) \cdots \left(1 - \frac{n-1}{n}\right)$$
$$a_{n+1} = 1 + 1 + \frac{1}{2!}\left(1 - \frac{1}{n+1}\right) +$$
$$\frac{1}{3!}\left(1 - \frac{1}{n+1}\right)\left(1 - \frac{2}{n+1}\right) + \cdots +$$
$$\frac{1}{(n+1)!}\left(1 - \frac{1}{n+1}\right)\left(1 - \frac{2}{n+1}\right) \cdots$$
$$\left(1 - \frac{n}{n+1}\right)$$

由于 $\frac{1}{n} > \frac{1}{n+1}$，所以 a_{n+1} 的展开式中的每一项都大于 a_n 的展开式中的对应项，并且在 a_{n+1} 的展开式中还多出最后一项（正数），从而有
$$a_n < a_{n+1} \ (n = 1, 2, \cdots)$$
这表示数列 $\{a_n\}$ 是单调的．

其次，在 a_n 的展开式中，其每一项的括号内各个因子 $\left(1 - \frac{1}{n}\right), \left(1 - \frac{2}{n}\right), \cdots, \left(1 - \frac{n-1}{n}\right)$ 都小于 1，所以略去这些因子，则有
$$a_n < 2 + \frac{1}{2!} + \frac{1}{3!} + \cdots + \frac{1}{n!}$$
$$< 2 + \frac{1}{2} + \frac{1}{2^2} + \cdots + \frac{1}{2^{n-1}}$$
$$< 2 + \frac{1}{2} + \cdots + \frac{1}{2^n} + \cdots = 2 + \frac{\frac{1}{2}}{1 - \frac{1}{2}} = 3$$

即对一切 $n, a_n < 3$，这说明数列 $\{a_n\}$ 是有界的，所以数

Cauchy 函数方程

列 $\{a_n\}$ 单调有界,根据实数单调有界数列有极限,必有唯一的实数作为它的极限,我们把这个实数记作 e

$$\lim_{n\to\infty}\left(1+\frac{1}{n}\right)^n = e \qquad ⑪$$

它就是作为自然对数的底的那个实数.

数 e 是一个实数,如在对数计算,机械振动,电磁振荡等很多科学技术问题中都要用到这个数.

注 从上述讨论过程可见

$$2 < e < 3$$

例2 设给出一个数列

$$a_0, a_1, a_2, a_3, \cdots, a_n, \cdots$$

其中除 a_0 可为任意自然数之外,其余一切 a_i 是 $0,1,2,\cdots,9$ 这十个数码中的一个.

证明以有限小数

$$r_n = a_0.a_1 a_2 \cdots a_n$$

为一般项的有理数列是收敛的.

证明 首先证明 $\{r_n\}$ 是单调的.

事实上,因对任意 n 都有

$$\begin{aligned}r_{n+1} &= a_0.a_1\cdots a_n a_{n+1}\\ &= a_0.a_1\cdots a_n + 0.00\cdots 0 a_{n+1}\\ &= r_n + 0.00\cdots 0 a_{n+1}\end{aligned}$$

而 $0.00\cdots 0 a_{n+1} \geq 0$.

故 $r_n \leq r_{n+1}(n=1,2,\cdots)$,即数列 $\{r_n\}$ 是单调的.

其次证明 $\{r_n\}$ 是有界的. 因为对任意 n 有

$$a_0.a_1\cdots a_n \leq a_0.999\cdots 9 \leq a_0 + 1$$

可见数列 $\{r_n\}$ 单调增加,且有界,故有极限. 通常都把这个极限记作 $a_0.a_1\cdots a_n\cdots$,称为十进无限小数. 即有

$$\lim_{n\to\infty} a_0.a_1\cdots a_n = a_0.a_1\cdots a_n\cdots$$

附录 Ⅰ　实数集的连续性 —— 极限理论中的一些基本定理

例如,给出数列:$0,2,0,2,0,2,\cdots$.则有
$$\lim_{n\to\infty}0.2020\cdots20=0.2020\cdots20\cdots=0.\dot{2}\dot{0}$$

给出数列 $15,1,3,2,1,3,2,\cdots$,则有
$$\lim_{n\to\infty}(15.132132\cdots132)=15.132132\cdots132\cdots$$
$$=15.1\dot{3}\dot{2}$$

给出数列 $1,0,1,0,0,1,0,0,0,1,\cdots$,则有
$$\lim_{n\to\infty}(1.01001\cdots00\cdots01)=1.010\ 010\ 001\cdots$$

由此,我们可以看到无限小数(包括无限非循环小数)的意义及其存在性的证明都是根据极限的概念,其中实数集的连续性在这里起了基础的作用.

用函数方程定义初等函数

附录 Ⅱ

某些函数方程的解恰是基本的初等函数. 例如,函数方程
$$f(xy) = f(x) + f(y) \quad ①$$
的解是对数函数
$$f(x) = \log_a x$$
一般说来,如果有某两个单调函数都满足这个函数方程,那么它们都是对数函数,差别只在于对数的底 a 不同而已(为了保证解的唯一性,可以给出补充条件 $f(a)=1$). 这说明,函数方程 ① 刻画了对数函数的特有属性. 从这个函数方程出发,而不必从对数函数的通常定义出发,我们同样可以推出对数函数的一系列性质. 现在对照排列如下
$$\log_a(xy) = \log_a x + \log_a y$$
$$f(xy) = f(x) + f(y)$$
$$\log_a x^n = n\log_a x$$
$$f(x^n) = nf(x) \quad ②$$

附录 Ⅱ 用函数方程定义初等函数

$$\log_a \sqrt[n]{x} = \frac{1}{n}\log_a x$$

$$f(\sqrt[n]{x}) = \frac{1}{n}f(x) \qquad ③$$

$$\log_a 1 = 0; \quad f(1) = 0 \qquad ④$$

因此,我们可以用函数方程来定义对数函数,也就是说,把对数函数定义为函数方程

$$f(xy) = f(x) + f(y)$$

的解.

类似地,还可以把正比例函数 $f(x)=cx$ 定义为函数方程

$$f(x+y) = f(x) + f(y) \qquad ⑤$$

的解.把一次函数 $f(x) = c_1 x + c_2$ 定义为函数方程

$$2f\left(\frac{x+y}{2}\right) = f(x) + f(y) \qquad ⑥$$

的解.把指数函数 $f(x) = c^x$ 定义为函数方程

$$f(x)f(y) = f(x+y) \qquad ⑦$$

的解.

不仅如此,用函数方程同样能定义其他基本初等函数,例如幂函数和三角函数.

我们主要讨论用函数方程定义余弦函数.由于余弦函数在整个实轴上不再具有单调性,我们将用连续性来代替单调性这个条件.

什么叫函数 $f(x)$ 的连续性?设 x_0 是某区间上的一点.如果当 $x \to x_0$ 时

$$\lim_{x \to x_0} f(x) = f(x_0)$$

就说函数 $f(x)$ 在点 x_0 连续.在区间上每一点都连续的函数,叫作在这个区间上的连续函数.连续函数的图像是一条没有间隙的连续曲线.

Cauchy 函数方程

我们知道,在三角学中有公式
$$\cos(x+y)+\cos(x-y)=2\cos x\cos y$$
这启示我们可以把余弦函数定义为函数方程
$$f(x+y)+f(x-y)=2f(x)f(y) \qquad ⑧$$
的解 $f(x)$.

为了使函数方程 ⑧ 的解 $f(x)$ 具有唯一性,还需给出下列条件:

1. 函数 $f(x)$ 在整个实轴上连续.

2. 方程 $f(x)=0$ 有一个最小正根 $\dfrac{c}{2}$ 存在. 就是说
$$f\left(\dfrac{c}{2}\right)=0 \qquad ⑨$$
而当 $0<x<\dfrac{c}{2}$ 时
$$f(x)\neq 0 \qquad ⑩$$
$$f(0)>0 \qquad ⑪$$

(顺便指出,如果将这三个条件加以改变,函数方程 ⑧ 将定义另外的函数,例如可以用来定义一种叫作双曲余弦的函数).

现在,我们从 ⑧ 和上述三条性质来证明,函数 $f(x)$ 具有一系列性质,这些性质和我们通常所知道的余弦函数 $\cos x$ 的性质完全一样.

性质 1 $f(0)=1$. (对于余弦函数,我们知道 $\cos 0=1$.)

证明 在函数方程 ⑧ 中,令 $x=y=0$,就有
$$f(0)+f(0)=2[f(0)]^2$$
但由 ⑪ 知道,$f(0)\neq 0$. 所以得
$$f(0)=1$$

性质 2 函数 $f(x)$ 是偶函数

附录 Ⅱ　用函数方程定义初等函数

$$f(x) = f(-x)$$

〔对于余弦函数，有 $\cos x = \cos(-x)$〕.

证明　在函数方程 ⑧ 中，令 $x = 0$，便有
$$f(y) + f(-y) = 2f(0)f(y)$$
注意到 $f(0) = 1$，就有
$$f(-y) = f(y)$$

性质 3　$f(c+x) = -f(x)$. 〔对于余弦函数，有 $\cos(\pi + x) = -\cos x$〕

证明　因为
$$f(c+x) + f(x) = f\left[\left(\frac{c}{2}+x\right) + \frac{c}{2}\right] +$$
$$f\left[\left(\frac{c}{2}+x\right) - \frac{c}{2}\right]$$
$$= 2f\left(\frac{c}{2}+x\right)f\left(\frac{c}{2}\right)$$

但 $f\left(\dfrac{c}{2}\right) = 0$. 所以
$$f(c+x) = -f(x)$$

性质 4　$f(c) = -1$. (对于余弦函数，有 $\cos \pi = -1$)

证明　如果 $x = 0$，由性质 3 和 1，得
$$f(c) = -f(0) = -1$$

性质 5　$f(2x) = 2f^2(x) - 1$. (对于余弦函数，有 $\cos 2x = 2\cos^2 x - 1$)

证明　因为
$$f(2x) + 1 = f(2x) + f(0) = 2f^2(x)$$
所以　　　　$f(2x) = 2f^2(x) - 1$

性质 6　$f\left(\dfrac{x}{2}\right) = \pm\sqrt{\dfrac{1+f(x)}{2}}$. (对于余弦函数，

Cauchy 函数方程

有 $\cos\dfrac{x}{2}=\pm\sqrt{\dfrac{1+\cos x}{2}}$)

证明 在性质 5 的等式中，用 $\dfrac{x}{2}$ 代 x 就行了．

性质 7 $f(x)$ 是以 $2c$ 为周期的周期函数．（余弦函数 $\cos x$ 是以 2π 为周期的周期函数）

证明 以 $x+c$ 代 x，根据性质 3 有
$$f(2c+x)=-f(c+x)=f(x) \quad ⑫$$
可见 $2c$ 是 $f(x)$ 的周期．我们进一步证明，$2c$ 是 $f(x)$ 的最小正周期．

倘若不然．假定 $2l<2c$ 也是 $f(x)$ 的正周期，将导致矛盾．事实上，因为 $2c,2l$ 都是周期，所以有
$$f(2l)=f(2l+2c)=f(2c)$$
在 ⑫ 中令 $x=0$，并根据性质 1，就有
$$f(2c)=f(0)=1$$
所以 $\qquad f(2l)=1$

此外，在函数方程 ⑧ 中，令 $x=y=l$，又得
$$f(2l)+f(0)=2f^2(l)$$
因而
$$f^2(l)=1$$
即
$$f(l)=\pm 1$$

我们分别研究这两种情形．

如果 $f(l)=1$．考虑到性质 4，就有
$$f(c)+f(l)=0$$
由函数方程 ⑧，上式左边可化为积的形式
$$2f\left(\dfrac{c+l}{2}\right)f\left(\dfrac{c-l}{2}\right)=0$$
根据性质 3 和 2，可得

附录 Ⅱ 用函数方程定义初等函数

$$f\left(\frac{c+l}{2}\right)=f\left(c+\frac{l-c}{2}\right)=-f\left(\frac{l-c}{2}\right)=-f\left(\frac{c-l}{2}\right)$$

代入上式,化简后得

$$f^2\left(\frac{c-l}{2}\right)=0$$

或

$$f\left(\frac{c-l}{2}\right)=0$$

因为 $c-l<c$,可见 $\frac{c-l}{2}$ 是方程 $f(x)=0$ 的一个比 $\frac{c}{2}$ 还小的正根. 这和条件 2 矛盾.

如果 $f(l)=-1$. 在函数方程 ⑧ 中,令 $x=y=\frac{l}{2}$. 我们求得

$$f(l)+f(0)=2f^2\left(\frac{l}{2}\right)$$

也就是

$$-1+1=2f^2\left(\frac{l}{2}\right)$$

所以

$$f\left(\frac{l}{2}\right)=0$$

这也和条件 2 矛盾.

这就证明了 $2c$ 是 $f(x)$ 的最小正周期.

性质 8 $|f(x)|\leqslant 1$.(对于余弦函数,有 $|\cos x|\leqslant 1$)

证明 仍采用反证法. 假定对 x 的某个值 $x=a$,有

$$|f(a)|>1$$

于是

$$2f\left(\frac{c}{2}+a\right)f\left(\frac{c}{2}-a\right)$$

Cauchy 函数方程

$$= f\left[\left(\frac{c}{2}+a\right)+\left(\frac{c}{2}-a\right)\right]+$$
$$f\left[\left(\frac{c}{2}+a\right)-\left(\frac{c}{2}-a\right)\right]$$
$$= f(c)+f(2a)=-1+f(2a)$$
$$=-1+2f^2(a)-f(0)=2[f^2(a)-1]$$
$$> 0$$

所以有

$$f\left(\frac{c}{2}+a\right)f\left(\frac{c}{2}-a\right)>0 \qquad ⑬$$

但是,另一方面

$$f\left(\frac{c}{2}-a\right)=f\left[c-\left(\frac{c}{2}+a\right)\right]=-f\left(\frac{c}{2}+a\right)$$

所以又有

$$f\left(\frac{c}{2}+a\right)f\left(\frac{c}{2}-a\right)=-f^2\left(\frac{c}{2}+a\right)\leqslant 0 \qquad ⑭$$

⑬,⑭ 两式互相矛盾.这就证明了性质 8.

到现在为止,我们证明了满足函数方程 ⑧(和条件 1～3)的函数 $f(x)$,它具有与余弦函数 $\cos x$ 相同的许多性质,并且显然 $\cos x$ 也满足函数方程 ⑧.但是,我们还不能说这里的 $f(x)$ 就是 $\cos x$.除非在证明了函数方程 ⑧ 的解的唯一性(并且取条件 2 中的常数 $c=\pi$),才能断言 $f(x)$ 和 $\cos x$ 恒等:$f(x) \equiv \cos x$,亦即对于任何实数 x,都有 $f(x)=\cos x$.

下面,我们来叙述并证明函数方程 ⑧ 的解的唯一性定理.

唯一性定理 对于给定的正的常数 c,不存在满足函数方程 ⑧ 和条件 1～3 的两个不同的函数.

证明 设有两个函数 $f_1(x)$ 和 $f_2(x)$ 都满足函

附录 Ⅱ　用函数方程定义初等函数

数方程 ⑧ 和条件 1～3. 我们来证明实际上二者恒等
$$f_1(x) \equiv f_2(x)$$

分 3 步证明：

1. 首先证明，当自变量 x 取数列
$$\frac{c}{2}, \frac{c}{2^2}, \frac{c}{2^3}, \cdots, \frac{c}{2^n}, \cdots$$
的值，函数 $f_1(x)$ 和 $f_2(x)$ 的值相等，即
$$f_1\left(\frac{c}{2^i}\right) = f_2\left(\frac{c}{2^i}\right) \quad (i = 1, 2, 3, \cdots)$$

事实上，由条件 2 有
$$f_1\left(\frac{c}{2}\right) = f_2\left(\frac{c}{2}\right) = 0$$

从条件 1～3 得知
$$f_1(x) > 0, f_2(x) > 0$$

依次应用性质 6，就得
$$f_1\left(\frac{c}{2^2}\right) = f_2\left(\frac{c}{2^2}\right) = \sqrt{\frac{1+0}{2}} = \frac{\sqrt{2}}{2}$$
$$f_1\left(\frac{c}{2^3}\right) = f_2\left(\frac{c}{2^3}\right) = \sqrt{\frac{1+\frac{\sqrt{2}}{2}}{2}} = \frac{\sqrt{2+\sqrt{2}}}{2}$$

一般地有（用数学归纳法容易证明）
$$f_1\left(\frac{c}{2^n}\right) = f_2\left(\frac{c}{2^n}\right) = \frac{S_{n-1}}{2}$$

这里 $S_{n-1} = \sqrt{2 + \sqrt{2 + \cdots + \sqrt{2}}}$（$n-1$ 个根号）.

2. 其次证明，当自变量 $x = \dfrac{mc}{2^n}$ 时（n 是任何自然数，m 是任何整数），两个函数的值相等
$$f_1\left(\frac{mc}{2^n}\right) = f_2\left(\frac{mc}{2^n}\right) \qquad ⑮$$

135

设 m 为正整数. 当 $m=1$ 时, 已经证明

$$f_1\left(\frac{c}{2^n}\right)=f_2\left(\frac{c}{2^n}\right)=\frac{S_{n-1}}{2}$$

当 $m=2$ 时

$$f_1\left(\frac{2c}{2^n}\right)=f_2\left(\frac{c}{2^{n-1}}\right)=\frac{S_{n-2}}{2}$$

$$f_2\left(\frac{2c}{2^n}\right)=f_1\left(\frac{c}{2^{n-1}}\right)=\frac{S_{n-2}}{2}$$

所以 $$f_1\left(\frac{2c}{2^n}\right)=f_2\left(\frac{2c}{2^n}\right)$$

设当 $m=k, k+1$ 时 ⑮ 成立. 那么有

$$f_1\left[\frac{(k+2)c}{2^n}\right]=f_1\left[\frac{(k+1)c}{2^n}+\frac{c}{2^n}\right]$$
$$=2f_1\left[\frac{(k+1)c}{2^n}\right]f_1\left(\frac{c}{2^n}\right)-f_1\left(\frac{kc}{2^n}\right)$$
$$=2f_2\left[\frac{(k+1)c}{2^n}\right]f_2\left(\frac{c}{2^n}\right)-f_2\left(\frac{kc}{2^n}\right)$$
$$=f_2\left[\frac{(k+1)c}{2^n}+\frac{c}{2^n}\right]=f_2\left[\frac{(k+2)c}{2^n}\right]$$

于是, 我们用数学归纳法证明了 ⑮ 当 m 为正整数的情形.

当 $m=0$ 时

$$f_1(0)=f_2(0)=1$$

当 $m<0$ 为负整数时, 由于函数 $f_1(x), f_2(x)$ 的偶性, 有

$$f_1\left(\frac{mc}{2^n}\right)=f_1\left(\frac{-mc}{2^n}\right)=f_2\left(\frac{-mc}{2^n}\right)=f_2\left(\frac{mc}{2^n}\right)$$

这样, 我们就完全地证明了 ⑮.

3. 最后证明, 当自变量取任何实数 x 时, 函数

$$f_1(x)=f_2(x)$$

附录 Ⅱ　用函数方程定义初等函数

把数 $\dfrac{x}{c}$ 化成二进制小数，即表示为

$$\frac{x}{c} = p_0 + \frac{p_1}{2} + \frac{p_2}{2^2} + \cdots + \frac{p_n}{2^n} + \cdots$$

其中，p_0 是整数，而 $p_i = 0$ 或 $1.(i=1,2,3,\cdots)$

如果上述二进制小数是有限的，例如假定 $p_n \neq 0$，而 $p_{n+1} = p_{n+2} = \cdots = 0$. 那么

$$\frac{x}{c} = p_0 + \frac{p_1}{2} + \frac{p_2}{2^2} + \cdots + \frac{p_n}{2^n}$$

于是

$$x = p_0 c + \frac{p_1 c}{2} + \frac{p_2 c}{2^2} + \cdots + \frac{p_n c}{2^n}$$
$$= \frac{(2^n p_0 + 2^{n-1} p_1 + 2^{n-2} p_2 + \cdots + p_n)c}{2^n} = \frac{mc}{2^n}$$

这里，整数

$$m = 2^n p_0 + 2^{n-1} p_1 + 2^{n-2} p_2 + \cdots + p_n$$

可见 x 具有 $\dfrac{mc}{2^n}$ 的形式. 前已证明，在这种情形下

$$f_1\left(\frac{mc}{2^n}\right) = f_2\left(\frac{mc}{2^n}\right)$$

我们假定二进制小数是无限的. 令其不足近似值为

$$x_n^- = p_0 c + \frac{p_1 c}{2} + \frac{p_2 c}{2^2} + \cdots + \frac{p_n c}{2^n} = \frac{mc}{2^n}$$

当 $x \to \infty$ 时，$x_n^- \to x$. 根据函数 $f(x)$ 的连续性，有

$$\lim_{x_n^- \to x} f_1(x_n^-) = f_1(x)$$
$$\lim_{x_n^- \to x} f_2(x_n^-) = f_2(x)$$

但是，我们已经证明

$$f_1(x_n^-) = f_2(x_n^-)$$

所以　　　　　　　　　　$f_1(x) = f_2(x)$

唯一性定理至此已完全证明. 如果取 $c=\pi$, 那么 $f(x)\equiv\cos x$.

余弦函数由前述函数方程⑧和条件 1～3 定义之后, 我们可以把正弦函数和正切函数分别定义为

$$g(x)=f\left(\frac{c}{2}-x\right)$$

$$h(x)=\frac{g(x)}{f(x)}$$

由此出发可以推得函数 $f(x),g(x),h(x)$ 间一系列关系式. 例如:

1. $g^2(x)+f^2(x)=1$. (即三角函数中的 $\sin^2 x+\cos^2 x=1$)

证明 $g^2(x)+f^2(x)=f^2\left(\frac{c}{2}-x\right)+f^2(x)$. 由 $f(x)$ 的性质 5, 得

$$f^2\left(\frac{c}{2}-x\right)+f^2(x)=\frac{1+f(c-2x)}{2}+\frac{1+f(2x)}{2}$$

$$=1+\frac{1}{2}[f(c-2x)+f(2x)]$$

但由性质 3 和 2

$$f(c-2x)=-f(-2x)=-f(2x)$$

所以 $\qquad g^2(x)+f^2(x)=1$

2. $f(x+y)=f(x)f(y)-g(x)g(y)$. [即 $\cos(x+y)=\cos x\cos y-\sin x\sin y$]

证明 $f(x)f(y)-g(x)g(y)$

$$=f(x)f(y)-f\left(\frac{c}{2}-x\right)f\left(\frac{c}{2}-y\right)$$

$$=\frac{f(x+y)+f(x-y)}{2}-$$

$$\frac{f(c-x-y)+f(-x+y)}{2}$$

附录 Ⅱ 用函数方程定义初等函数

$$= \frac{f(x+y)}{2} - \frac{f[c-(x+y)]}{2} +$$
$$\frac{f(x-y)}{2} - \frac{f(x-y)}{2}$$
$$= f(x+y)$$

3. $g(x+y) = g(x)f(y) + f(x)g(y)$.[即 $\sin(x+y) = \sin x \cos y + \cos x \sin y$]

证明

$$g(x)f(y) + f(x)g(y)$$
$$= f\left(\frac{c}{2}-x\right)f(y) + f(x)f\left(\frac{c}{2}-y\right)$$
$$= \frac{f\left(\frac{c}{2}-x+y\right) + f\left(\frac{c}{2}-x-y\right)}{2} +$$
$$\frac{f\left(x+\frac{c}{2}-y\right) + f\left(x-\frac{c}{2}+y\right)}{2}$$
$$= f\left(\frac{c}{2}-x-y\right) + \frac{f\left(\frac{c}{2}-x+y\right) + f\left(\frac{c}{2}+x-y\right)}{2}$$
$$= f\left(\frac{c}{2}-x-y\right) +$$
$$\frac{f\left[\frac{c}{2}-(x-y)\right] + f\left[\frac{c}{2}+(x-y)\right]}{2}$$
$$= f\left[\frac{c}{2}-(x+y)\right] + \frac{2f\left(\frac{c}{2}\right)f(x-y)}{2}$$
$$= f\left[\frac{c}{2}-(x+y)\right] = g(x+y)$$

用函数方程 ⑧ 定义余弦函数,然后由余弦函数定义正弦和正切函数,这个方法并不是用函数方程定义

139

Cauchy 函数方程

三角函数的唯一方案. 例如,可以先把正切函数定义为函数方程

$$h(x+y) = \frac{h(x)+h(y)}{1-h(x)h(y)}$$

的解,然后把正弦、余弦函数分别定义为

$$f(x) = \frac{2h\left(\frac{x}{2}\right)}{1+h^2\left(\frac{x}{2}\right)}$$

$$g(x) = \frac{1-h^2\left(\frac{x}{2}\right)}{1+h^2\left(\frac{x}{2}\right)}$$

甚至我们还可以通过一个含有两个未知函数的函数方程来同时定义正弦和余弦函数. 例如可以用

$$f(x-y) = f(x)f(y) + g(x)g(y)$$

或者

$$g(x+y) = g(x)f(y) + f(x)g(y)$$

之类的函数方程的解 $g(x),f(x)$,来分别定义正弦和余弦函数. 当然,在这样做的时候,正像我们在前面曾经看到的那样,还应当给出一些补充条件. 因为如果没有这些条件,就不能保证函数方程的解的唯一性.

练习 余弦函数 $f(x)$ 和正弦函数 $g(x)$ 可以定义为函数方程

$$f(x-y) = f(x)f(y) + g(x)g(y)$$

的解,且满足条件:

(1) $f(x),g(x)$ 在整个实轴上连续;

(2) 对于某正数 c,当 $0 < x < c$ 时

$$f(x) > 0, g(x) > 0$$

柯西的数学贡献

附录 Ⅲ

A. L. 柯西(Cauchy,Augustin-Louis),1789 年 8 月 21 日生于法国巴黎;1857 年 5 月 22 日卒于法国斯科.数学、数学物理、力学.

柯西之父路易－弗朗索瓦(Cauchy,Louis-Francois),1760 年生于鲁昂,年轻时学习出色,1777 年获巴黎大学颁发的会考荣誉奖,毕业后任诺曼底最高法院律师,后任鲁昂总督 C. 蒂鲁(Thiroux)的秘书.1785 年蒂鲁出任巴黎警察总监,弗朗索瓦成为他的首席幕僚.1794 年蒂鲁被处决,弗朗索瓦举家迁居阿尔居埃避风.1799 年雾月十八政变中,他积极支持拿破仑,于次年被新设的上议院选为负责起草会议纪要和执掌印玺的秘书,并安家于卢森堡宫.

Cauchy 函数方程

弗朗索瓦亲自对长子柯西进行启蒙教育,教孩子语法、诗歌、历史、拉丁文和古希腊文. 弗朗索瓦与 P. S. 拉普拉斯(Laplace)过从甚密,与 J. L. 拉格朗日(Lagrange)也交往颇多,所以柯西在童年时就接触到两位大数学家.

柯西从小喜爱数学,当一个念头闪过脑海时,他常会中断其他事情,在本上算数画图,这引起拉格朗日的注意. 据说在 1801 年的一天,拉格朗日在弗朗索瓦办公室当着一些上议员的面说:"瞧这孩子!我们这些可怜的几何学家都会被他取而代之."[15] 但他也告诫弗朗索瓦,在柯西完成基本教育之前不要让他攻读数学著作.

1802 年秋,柯西就读于先贤祠中心学校,主要学习古代语言. 在校两年中,成绩优异,多次获奖. 但他决心成为一名工程师. 经过一年准备后,于 1805 年秋考入综合工科学校;1807 年 10 月又以第一名的成绩被道路桥梁工程学校录取,并在 1809 年该校会考中获道桥和木桥大奖.

1810 年初,柯西被派往瑟堡,任监督拿破仑港工程的工程师助理. 在他的行囊中,装有拉格朗日的《解析函数论》(*Traité des fonctions analytiques*)和拉普拉斯的《天体力学》(*Mécanique céleste*). 年底,他被授予二级道桥工程师职务,其工作受到上级嘉奖,然而他把绝大部分业余时间用于钻研数学. 在拉格朗日建议下,他研究了多面体,于 1811 年 2 月向法兰西研究院递交第一篇论文(文献[1],(2)1,pp.7-18)①,证明了

---

① "文献[1],(2)1"指文献 1 中第 2 系列第 1 卷,下仿此.

附录 Ⅲ　柯西的数学贡献

包括非凸情形在内,只存在 9 种正多面体.1812 年 1 月,又向巴黎科学院递交第二篇论文(文献[1],(2)1,pp.26-35),证明具有刚性面的凸多面体必是刚性的.A.M.勒让德(Legendre)对两文极为欣赏.两个月后,柯西成为爱好科学协会通讯会员.

1812 年底,由于健康状况下降,柯西返回巴黎,不久向科学院递交了关于对称函数的论文.就在这时,他确定了自己的生活道路:终生献给"真理的探索"即从事科学研究.1813 年 3 月,他被任命为乌尔克运河工程师.1814～1815 年拿破仑一世的惨败中断了运河工程,使他有时间潜心研究.他在 1814 年向法兰西研究院递交的论文中,有关误差论的研究和标志他建立复变函数论起点的关于定积分的研究.1815 年底,他以关于无限深流体表面波浪传播的论文[6]获科学院数学大奖.

1815 年 7 月,路易十八重返巴黎.11 月,政府禁止 L.普安索(Poinsot)在综合工科学校授课;12 月初,宣布由柯西以替补教授名义接任普安索,讲授数学分析.

1816 年 3 月,王室发布了重组法兰西研究院和巴黎科学院的敕令,清洗了一批院士,L.卡诺(Carnot)和 G.蒙日(Monge)也在其中;同时柯西被国王任命为力学部院士.9 月被任命为综合工科学校分析学和力学正式教授,为一年级新生讲授数学分析.

柯西在综合工科学校的教学内容,集中体现在他写的《分析教程第一编·代数分析》[2](1821)、《微积分概要》[3](1823)、《微积分在几何学中的应用教程》[4](1826)和《微分学教程》[5](1829)中.这些论著首次成功地为微积分奠定了比较严格的基础.1823

年,他出任巴黎理学院力学副教授,代替 S.D. 泊松(Poisson)讲授力学;1824 年底出任法兰西学院代理教授,代替 J.B. 比奥(Biot)讲授数学物理.这些教学工作都持续到 1830 年.

柯西同时积极参加科学活动,经常出席科学院每周一召开的公开会议,在纯粹与应用数学的各种委员会中起重要作用.他在波旁王朝复辟时期写了大约 100 篇论文或注记.1826 年,他独自编辑出版定期刊物《数学演习》(*Exercices de mathématiques*),专门发表自己的论著.

1830 年 7 月革命再次推翻了波旁王朝,奥尔良公爵路易-菲利浦(Louis-Philippe)即位.一直激烈反对自由派的柯西,把此事看作国家的灾难.综合工科学校学生在起义中离开校园,率领民众战斗,对柯西刺激很大.内阁通过了公职人员必须宣誓效忠新国王的法令,而保王党人(柯西也在其中)认为宣誓就是背叛.起义中发生的一些暴烈行为,使柯西愤慨.所有这些因素,促使柯西下定决心离开法国.

柯西先去瑞士的弗里堡,试图筹建瑞士科学院,但未成功.1831 年夏迁居都灵,10 月在拉格朗日组建的都灵科学院露面.次年初撒丁国王特为柯西在都灵大学重设高级物理即相当于数学物理的教席.在都灵期间,柯西主要从事教学工作.

1833 年 7 月,柯西前往布拉格,担任查理十世(路易十八之弟)之孙博尔多公爵(Le duc de Bordeaux)的宫廷教师,每天讲授数学、物理和化学.他尽心尽力,甚至重新编写了算术与几何教本.但王子对数学缺乏兴趣,与柯西关系不甚融洽.1838 年 10 月,公爵年届

18,教育告一段落,柯西在家人和朋友劝说下重返巴黎.查理十世授予他男爵封号,柯西对此十分看重.

宫廷教学使柯西研究进度放慢,他在布拉格以《数学新演习》(Nouveaux exercices de mathématiques)为题继续出版他的《演习》,撰写了关于光和微分方程的一些论文,以石印形式在小范围内流传.回巴黎后,他首先去科学院,发表了关于光的研究成果.

F.J.阿拉戈(Arago)于 1836 年创办了《巴黎科学院通报》(Comptes rendu Acad. Sci. Paris),使院士们能迅速发表成果.柯西充分利用这个有利条件,几乎每周在《巴黎科学院通报》上发表一篇论文或注记.不到 20 年,他在《巴黎科学院通报》上发表了 589 篇文章.他的多产使科学院不得不限制其他人送交论文的篇幅不得超过 4 页.可是柯西还不满足,1839 年 9 月起又以《分析与数学物理演习》(Exercices d'analyse et de physique mathématique)为题继续出版他的《演习》.

1839 年 7 月,M.普鲁内(Prony)的去世使天文事务所(与法兰西研究院齐名,事实上的天文科学院)出现一个空缺.柯西于 11 月当选,但由于他拒绝向路易－菲利浦宣誓效忠而未获任命书.

回巴黎后,柯西同耶稣会士一起,参与创建天主教学院,热衷于宣传天主教.这使他与一些同事关系尴尬.

1843 年 5 月,柯西竞选由于 S.F.拉克鲁瓦(Lacroix)逝世而空缺的法兰西学院数学教席,但得票极少,败于 G.利布里(Libri).年底在天文事务所新的几何学部委员选举中,他又败于他的对手普安索.这两次的失利对他是沉重的打击.他开始离群索居,但仍勤奋工作.

1848年2月革命后,宣誓不再成为任命的障碍. 1849年3月,柯西被委任为巴黎理学院数学天文学教授.

1850年6月,利布里被缺席判处10年徒刑,法兰西学院又出现空缺教席.柯西再次竞选,败于J.刘维尔(Liouville).

1851年12月政变后,新政权要求公职人员宣誓效忠.柯西仍不妥协,致使他在理学院的教学工作停止一年多.1853年,拿破仑三世同意柯西可以例外,使他得以重登理学院讲坛,直至去世.

1848年后,他的发表节奏放慢,1853年停止出版《演习》;但继续审读论文,并从事宗教活动.

1857年5月12日,柯西患重感冒,21日病情突然恶化,次日与世长辞,享年68岁.

除巴黎科学院外,柯西还是18个科学院或著名学术团体的成员,其中有英国皇家学会、柏林科学院、彼得堡科学院、爱丁堡皇家学会、斯德哥尔摩科学院、哥本哈根皇家科学学会、格丁根皇家科学学会、波士顿科学院等.

§1 数学分析严格化的开拓者

分析严格化的需要

18世纪的分析学家致力于创造强有力的方法并把它们付诸应用,分析中的一些基本概念,则缺乏恰当的统一的定义.由于没有公认的级数收敛概念,导致了许多所谓"悖论",其实只是由于概念含混而出现的错误.数学家逐渐认识到,分析基本原理的严格检验,不能依赖于物理或几何,只能依靠它自身.当时的法国——欧洲数学中心的数学家们集中在几个大学教书.教学和写作教材特别要求澄清基本概念,阐明基本原理.

已有一些数学家对当时分析的状况不满.C.F.高斯(Gauss)批评J.L.达朗贝尔(d'Alembert)关于代数基本定理的证明不够严格,还说数学家们"未能正确处置无穷级数".N·H·阿贝尔(Abel)说得更加明确:"人们在今天的分析中无可争辩地发现了多得惊人的含混之处…….最糟糕的是它还没有得到严格处理.高等分析中只有少数命题得到完全严格的证明.人们到处发现从特殊到一般的令人遗憾的推理方式."(Oeuvres,2,pp.263-265.)

正是柯西,怀着严格化的明确目标,在前述4个教材中为数学分析建立了一个基本严谨的完整体系.在《分析教程》前言中,他说:"至于方法,我力图赋予……几何学中存在的严格性,决不求助于从代数一般性导出的推理.这种推理……只能认为是一种推断,有时还适用于提示真理,但与数学科学的令人叹服的严谨性很不相符."他说他通过分析公式成立的条件和规定所用记号的意义,"消除了所有不确定性"[2],并说:"我的主要目标是使严谨性(这是我在《分析教程》中为自己制定的准绳)与基于无穷小的直接考虑所得到的简单性和谐一致."[3]

极限与无穷小

柯西规定:"当一个变量相继取的值无限接近于一个固定值,最终与此固定值之差要多小就有多小时,该值就称为所有其他值的极限.""当同一变量相继取的数值无限减小以至降到低于任何给定的数,这个变量就成为人们所称的无穷小或无穷小量.这类变量以零为其极限.""当同一变量相继取的数值越来越增加以至升到高于每个给定的数,如果它是正变量,则称它以正无穷为其极限,记作 ∞;如果是负变量,则称它以负无穷为其极限,记作 $-\infty$."[2]

从字面上看,柯西的定义与在此以前达朗贝尔、拉克鲁瓦所给的定义差别不大,但实际上有巨大改进.

首先,柯西常常把他的定义转述为不等式.例如在证明 $\lim\limits_{x\to\infty}(f(x+1)-f(x))=k$ 蕴涵 $\lim\limits_{x\to\infty}\dfrac{f(x)}{x}=k$ 时,以"指定 ε 为要多小能多小的一个数"开始,写出一系列不等式来最终完成证明[2].在讨论复杂表示式的极限时,他用了 $\varepsilon\delta$ 论证法的雏形.由于有明确地把极限转述为不等式的想法,他就能从定义出发证明关于极限的一些较难命题.

其次,他首次放弃了过去定义中常有的"一个变量绝不会超过它的极限"这类不必要的提法,也不提过去定义中常涉及的一个变量是否"达到"它的极限,而把重点放在变量具有极限时的性态.

最后,他以极限为基础定义无穷小和微积分学中的基本概念,建立了级数收敛性的一般理论.

函数及其连续性

柯西以接近于现代的方式定义单元函数:"当一些

变量以这样的方式相联系,即当其中之一给定时,能推知所有其他变量的值,则通常就认为这些变量由前一变量表示,此变量取名为自变量,而其余由自变量表示的变量,就是通常所说的该自变量的一些函数."[2] 他以类似方式定义多元函数,并区别了显函数和隐函数,用他建立的微分方程解的存在性定理在较强条件下证明了隐函数的局部存在性.

柯西给出了连续的严格定义:"函数 $f(x)$ 是处于两个指定界限之间的变量 x 的连续函数,如果对这两个界限之间的每个值 x,差 $f(x+a)-f(x)$ 的数值随着 a 无限减小.换言之,⋯⋯变量的无穷小增量总导致函数本身的无穷小增量."[2] 在一个附录中,他给出闭区间上连续函数介值性质的严格证明,其中用到了"区间套"思想[2].

在柯西之前,B.波尔查诺(Bolzano)于 1817 年给出连续的定义,并利用上确界证明了介值定理.但他的工作在很长时间内未引起人们的注意.有人认为柯西读到了波尔查诺的著作,采用了他的思想,但故意不加声明[23,24].这种看法缺乏佐证材料.

微分学

柯西按照前人方式用差商的极限定义导数,但在定义中多了一句:"当这个极限存在时,⋯⋯用加撇符号 y' 或 $f'(x)$ 表示."[3] 这表明他已用崭新的方式考虑问题.他把导数定义转述为不等式,由此证明有关的各种定理.例如他给出了用不等式陈述的微分中值定理,首次给出了 ε-δ 式(所用符号也是 ε, δ)的证明,由此推出拉格朗日中值定理[3].他还得到了"柯西中值定理"

$$\frac{f(X)-f(x_0)}{F(X)-F(x_0)}=\frac{f'(x_0+\theta(X-x_0))}{F'(x_0+\theta(X-x_0))}$$

柯西关于微分的一种定义也富有独创性. 他称 $f(x)$ 的微分是"当变量 α 无限趋于零而量 h 保持不变时方程

$$\frac{f(x+\alpha h)-f(x)}{\alpha}=\frac{f(x+i)-f(x)}{i}h\,(i=\alpha h)$$

的左端所收敛的极限"[3].

柯西以割线的极限位置定义切线,用中值定理证明极值点处切线的水平性. 他证明了 $f'(x_0)=\cdots=f^{(n-1)}(x_0)=0$ 时用 $f^{(n)}(x_0)$ 的符号判断极大、极小的命题. 他由自己的中值定理推导出洛必达法则. 这样,他就为微分学的应用奠定了严格的理论基础[4].

积分学

18 世纪绝大多数数学家摒弃 G.W. 莱布尼茨(Leibniz)关于积分是无穷小量的无穷和的说法,只把积分看作微分之逆. 柯西则不同,他假定函数 $f(x)$ 在区间 $[x_0, X]$ 上连续,用分点 $x_1, x_2, \cdots, x_{n-1}$ 把该区间划分为 n 个不必相同的部分,作和

$$S=(x_1-x_0)f(x_0)+$$
$$(x_2-x_1)f(x_1)+\cdots+(X-x_{n-1})f(x_{n-1})$$

并证明(实际上隐含地用了"一致连续性")"当各个部分长度变得非常小而数 n 非常大时,分法对 S 的值只产生微乎其微的影响",因而当各个部分长度无限减小时 S 具有极限,它"只依赖于 $f(x)$ 的形式和变量 x 的端值 x_0, X_0. 这个极限就是我们所说的定积分."[3] 这样,他既给出了连续函数定积分的定义,又证明了它的存在性. 他还指出这种定义对于不能把被积函数转化为原函数的一般情形也适用. 他给出了现在通用的广

义积分的定义.

柯西简洁而严格地证明了微积分学基本定理即牛顿－莱布尼茨公式.他利用定积分严格证明了带余项的泰勒公式,还用微分与积分中值定理表示曲边梯形的面积,推导了平面曲线之间图形的面积、曲面面积和立体体积的公式.[4]

柯西的定义是从仅把积分看作微分逆运算走向现代积分理论的转折点,他坚持先证明存在性则是从依赖直觉到严格分析的转折点.

级数论

柯西是第一个认识到无穷级数论并非多项式理论的平凡推广而应当以极限为基础建立其完整理论的数学家.他以部分和极限定义级数收敛并以此极限定义收敛级数之和.18 世纪中许多数学家都隐约地使用过这种定义,柯西则明确地陈述这一定义,并以此为基础比较严格地建立了完整的级数论.他给出所谓"柯西准则",证明了必要性,并以理所当然的口气断定充分性.对于正项级数,他严格证明了比率判别法和他创造的根式判别法;指出 $\sum u_n$ 与 $\sum 2^n u_{2^n}$ 同时收敛或发散,由此推出一些常用级数的敛散性;证明两个收敛级数 $\sum_{n=0}^{\infty} u_n, \sum_{n=0}^{\infty} v_n$ 的积级数 $\sum_{n=0}^{\infty} \left(\sum_{k=0}^{n} u_k v_{n-k} \right)$ 收敛.对于一般项级数,他引进了绝对收敛概念,指出绝对收敛级数必收敛;收敛级数之和收敛,但积不一定收敛,并举出反例 $u_n = v_n = \dfrac{(-1)^{n+1}}{\sqrt{n}}$[2].

对于幂级数,柯西得到了收敛半径公式[2][后来 J. 阿达玛(Hadamard) 于 1892 年重新独立发现这个公式]. 他以例子 $f(x) = e^{-1/x^2}$ 表明, 一个函数可被它的泰勒级数代替只当后者收敛且其和等于所给函数(文献[1],(2)2,pp.276-282).

影响

在柯西手里,微积分构成了由定义、定理及其证明和有关的各种应用组成的逻辑上紧密联系的体系.他的分析教程成为严格分析诞生的起点.无怪乎阿贝尔在1826年说,柯西的书应当为"每一个在数学研究中热爱严谨性的分析学家研读".柯西的级数论对拉普拉斯的触动是众所周知的:后者读了柯西的论文后,赶快逐一检查他在《天体力学》中所用的级数.柯西对 P. G. L. 迪利克雷(Dirichlet)、G. F. B. 黎曼(Riemann)和 K. 魏尔斯特拉斯(Weierstrass)都有直接影响.

缺陷

柯西没有系统使用 ε-δ 方法,通常更多依赖"充分接近"、"要多小就有多小"这类比较模糊的语言,未能区别逐点收敛与一致收敛(但晚年时已有所觉察)、逐点连续与一致连续,有时不能恰当处理累次极限,因而出现了一些错误的断言及"证明".例如:连续函数项收敛级数具有连续和并可逐项积分[2,3];多元函数对每个自变量分别连续则整体连续[2];函数 $f(x,y)$ 在过点 (x_0, y_0) 的每条直线上取到极大值则它在该点取到极大值[3].

柯西在证明一些定理时,实际上用了实数系的完备性,例如有界单调数列必收敛,但就像在谈到收敛准则充分性时那样,他认为这些都是不言自明的,未能意识到建立实数理论的必要性.

总之,柯西在分析的严格化方面做出了卓越贡献,

附录 Ⅲ 柯西的数学贡献

但尚未完成分析的算术化.

§2 复变函数论的奠基人

19 世纪,复变函数论逐渐成为数学的一个独立分支,柯西为此作了奠基性的工作.

复函数与复幂级数

《分析教程》中有一半以上篇幅讨论复数与初等复函数,这表明柯西早就把建立复变函数论作为分析的一项重要工程. 他以形式方法引进复数("虚表示式")[2],定义其基本运算,得到这些运算的性质. 他比照实的情形定义复无穷小与复函数的连续性.

柯西利用实级数定义复值级数的收敛性并证明了一些收敛判别法. 对于复幂级数 $\sum_{n=0}^{\infty} a_n z^n$,他指出存在收敛半径 R,使得所给级数"按虚表示式 z 的模小于或大于 R 而收敛或发散". 他把 $1/R$ 刻画为"当 n 无限增加时 a_n 的数值的 n 次根所收敛的各种极限的最大值",这就是 $\lim\sup_{n\to\infty} \sqrt[n]{|a_n|}$ [2]. 他用幂级数定义复指数函数和三角函数,并讨论了对数函数和反三角函数的多值性. 他利用函数方程求出了复二项级数之和.

在很长时间中,柯西坚持对复数的形式看法. 1847 年,他提出用同余等价观念看待复数,把复数的运算解释为模 i^2+1 的运算,而把 i 看作"一个实在但不定的量"(文献[1],(1)10). 到了晚年,他采纳了复数的几何表示(文献[1],(1)11).

复积分

Cauchy 函数方程

柯西写于 1814 年的关于定积分的论文[7]（发表于 1827 年）是他创立复变函数论的第一步. 他在文中批评欧拉、拉普拉斯、泊松和勒让德都用了"基于实过渡到虚的归纳法，…… 这类方法，即使在使用时十分谨慎，多方限制，仍然使证明显得欠缺". 他宣布自己的目标是"用直接的严格的分析方法建立从实到虚的移植". 文中给出了所谓柯西－黎曼方程（实际上达朗贝尔于 1752 年，欧拉于 1776 年即已写出这个方程组；柯西于 1841 年得到了这个方程组的极坐标形式）；讨论了改变二重积分的次序问题，提出了被积函数有无穷型间断点时主值积分的观念并计算了许多广义积分.

柯西写于 1825 年的关于积分限为虚数的定积分的论文[8]，是一篇力作. 奇怪的是他本人似乎没有充分看出此文的价值，生前一直未发表. 文中用和的极限定义积分 $A+iB=\int_{a+ib}^{c+id} f(z)\mathrm{d}z$，指出当积分沿曲线 $x=\phi(t), y=\psi(t)(\alpha \leqslant t \leqslant \beta)$ 计算时等于 $\int_a^\beta [\phi'(t)+i\psi'(t)]f[\phi(t)+i\psi(t)]\mathrm{d}t$. 接着他断言："假定函数 $f(x+iy)$ 当 x 保持介于界限 a 与 c 之间，y 保持介于界限 b 与 d 之间时为有限且连续，…… 我们能容易地证明上述积分的值即虚表示式 $A+iB$ 不依赖于函数 $x=\phi(t), y=\psi(t)$ 的性质."[8] 这就是作为单复变函数论基础的"柯西积分定理". 柯西本人用变分方法证明了这条定理，证明中曲线连续变形的思想，可以说是"同伦"观念的萌芽. 文中还讨论了被积函数出现一阶与 m 阶极点时广义积分的计算.

应当指出，高斯于 1811 年致 F. W. 贝塞尔

附录 Ⅲ 柯西的数学贡献

(Bessel)的一封信中已表述了积分定理,称它为"一条非常美妙的定理",说他"将在适当时候给出它的一个不难的证明",但他一直没有发表.

柯西于 1831 年得到关于圆的积分公式

$$f(z) = \frac{1}{2\pi}\int_{-\pi}^{\pi} \frac{Re^{i\theta}f(Re^{i\theta})}{Re^{i\theta} - z} d\theta$$

由此证明复函数可局部展开为幂级数,并在实际上指明了后者的收敛半径是原点到所给函数最近极点之间的距离(文献[1],(2)12,pp.60-61). 他还得到了所得幂级数通项和余项的估计式,后来发展为他独创的"强函数法".

残数演算

术语"残数"首次出现于柯西在 1826 年写的一篇论文中(文献[1],(2)15). 他认为残数演算已成为"一种类似于微积分的新型计算方法",可以应用于大量问题,"例如 …… 直接推出拉格朗日插值公式,等根或不等根情形下分解有理函数,适合于确定定积分值的各种公式,大批级数尤其是周期级数的求和,具有有限或无限小差分和常系数、末项带或不带变量的线性方程的积分,拉格朗日级数或其他类似级数,代数或超越方程的解,等等."

他给出了 m 阶极点 x_1 处的残数公式

$$\frac{1}{(m-1)!} \frac{d^{m-1}(\varepsilon^m f(x_1 + \varepsilon))}{d\varepsilon^{m-1}}\bigg|_{\varepsilon=0}$$

他先后得到关于矩形、圆和一般平面区域的残数定理

$$\int f(z)dz = 2\pi i E f(z)$$

其中 E 表示"提取残数"即求 $f(z)$ 在区域内所有极点处残数之和. 他还详细讨论了极点位于矩形边界时如

何适当修正系数 $2\pi i$(文献[1],(2)6,pp.124-145).

1843 年,柯西向科学院递交了很多短论,表明残数演算可用于椭圆函数论. 次年刘维尔发表了有界双周期函数恒等于一常数的定理后,柯西立即指出它可以从残数理论推出并可推广到一般情形. 1855 年,他证明了

$$\frac{1}{2\pi i}\int \frac{Z'}{Z} dz = N - P$$

其中 $Z(z)$ 是在区域 S 中只有孤立极点的函数,积分沿 S 的边界,N,P 分别为 $Z(z)$ 在 S 中零点和极点的个数(文献[1],(1)12,pp.285-292). 他对残数演算的兴趣终生不减,去世前三月还发表题为《残数新理论》(Théorie nouvelle des residues,见文献[1],(1)12)的论文. 残数演算很快引起了同时代数学家的注意,越出了法国国界. 1834 与 1837 年在意大利和英国分别出现了有关的综述. M. P. H. 洛朗(Laurent)于 1865 年出版了专著《残数理论》(Théorie des residues). 俄国第一篇关于复变函数的论文是 Ю. 索霍茨基(Сохоцкий) 1868 年发表的关于残数及其应用的学位论文.

复变函数论的建立

柯西对复变函数的研究也有不足. 首先,对于这一理论的对象,他一直未能明确界定,实际上未能明确建立作为复可微性的解析性概念. 其次,他没有区分孤立奇点的不同类型,只注意了极点. 最后,他没有区别极点和分支点,未能认识多值函数的本质. 在法国,洛朗、刘维尔、V. 皮瑟(Puiseux) 和 C. 埃尔米特(Hermite)紧接着进行了许多研究. C. A. 布里奥(Briot)和 J-C.

布凯(Bouquet)于 1859 年出版了《双周期函数论》(*Théorie des fonctions doublement périodiques et, en particulier, des fonctions elliptiques*),阐明了柯西理论的对象,系统阐述了复变函数论,对于把柯西的观念传播到全欧洲起了决定性作用,标志着单复变函数论正式形成.

J. H. 庞加莱(Poincaré)在谈论复变函数论的四位奠基人——高斯、柯西、黎曼和魏尔斯特拉斯时说:"柯西早于后两位,并为他们指明了道路."[28] E. 皮卡(Picard)在比较高斯与柯西对这一领域的贡献时说:"人们不大可能认为高斯没有抓住高度重要的事物;然而,忠于他的'少而精'的格言,他无疑一直在等待以使他的作品更加成熟,而柯西这时却公布了自己的发现.因而应当把柯西看作这一开辟了远大前程的理论的真正奠基人."[27]

§3 弹性力学理论基础的建立者

柯西之前的研究

18 世纪,理性力学迅速发展,成为微积分学应用的一个特殊领域. 1788 年,拉格朗日的《分析力学》(*Mécanique analytique*)出版. 书中不借助几何图形,只从虚位移原理出发推导出全部质点系力学. W. R. 哈密顿(Hamilton)曾说这本书是"科学诗篇". 在 1811 年的增订第 2 版中,拉格朗日通过把固体或流体看成无穷多个质点组成的系统,进一步研究了连续固体和流体力学. 在此之前,欧拉已建立了流体力学基本方程组. 但在当时,固体力学还局限于不可变形的物体.

19 世纪初,数学家们开始研究弹性面的平衡和运动. S. 热尔曼(Germain)和泊松于 1815 年各自独立地得到了各向同性的可挠弹性表面的方程. 稍后,C. L. M. H. 纳维尔(Navier)于 1820 年向科学院递交了引人注目的论文,应用拉格朗日和 J. B. J. 傅里叶(Fourier)的分析方法,研究有负载的弹性板在不忽略其厚度时的微小变形. 但他把由伸缩引起的弹性力与由弯曲引起的力完全分开,假定前者总沿它所作用的截面的法向,而这在一般情况下是不成立的. 他于 1821 年写的论文,使用了分子模型,是弹性论中极富创造性的研究,但此文直到 1827 年才发表.

当时应力和应变概念尚未建立,其特性更未得到数量刻画. 由于未能把应力表示为变形的函数,连续介质力学的基本方程难于应用到弹性体上. 柯西于 1822～1830 年间发表的一系列论文,使用连续物质和应力－应变模型,成功地解决了这些问题.

应力

柯西把应力规定为外力和物体变形等因素引起的物体内部单位面积截面上的内力. 他认为,对物体内任一闭曲面 S,在研究 S 的外部对内部的作用时,可以忽略物体各部分的相互体力,等价地用定义在 S 上的应力场来代替. 这可使计算大为简化,并为实验证实. 由于欧拉已有类似想法,所以现代称它为欧拉－柯西应力原理.

对于物体中任一点 P,柯西通过点 P 处三个分别平行于坐标面的截面上的应力来描述该点处任一截面上的应力. 分别以 $\sigma_{xx}, \sigma_{xy}, \sigma_{xz}(\sigma_{yx}, \sigma_{yy}, \sigma_{yz}; \sigma_{zx}, \sigma_{zy}, \sigma_{zz})$

附录 Ⅲ 柯西的数学贡献

表示点 P 处平行于 $yz(zx,xy)$ 坐标面的截面上的应力的 x,y,z 分量,柯西得到点 P 处法向量方向余弦为 v_x,v_y,v_z 的截面上应力 σ_v 的分量为

$$\sigma_{vx} = v_x \sigma_{xx} + v_y \sigma_{yx} + v_z \sigma_{zx}$$
$$\sigma_{vy} = v_x \sigma_{xy} + v_y \sigma_{yy} + v_z \sigma_{zy}$$
$$\sigma_{vz} = v_x \sigma_{xz} + v_y \sigma_{yz} + v_z \sigma_{zz}$$

现称为柯西斜面应力公式. 由于 $\sigma_{xy}=\sigma_{yx}$, $\sigma_{yz}=\sigma_{zy}$, $\sigma_{xz}=\sigma_{zx}$, 9 个量 $\sigma_{xx},\cdots,\sigma_{zz}$ 中只有 6 个是独立的. 用现代语言,这 9 个量构成一个 2 阶对称张量——应力张量. σ_v 沿截面法向的分量为

$$\sigma_{vn} = \sigma_{xx} v_x^2 + \sigma_{yy} v_y^2 + \sigma_{zz} v_z^2 + 2\sigma_{xy} v_x v_y + 2\sigma_{yz} v_y v_z + 2\sigma_{zx} v_z v_x$$

在点 P 取所有可能的截面,沿法向取长度为 σ_{vn} 的向径,则其端点构成一个二次曲面,现称为柯西应力二次曲面. 在以此二次曲面三个互相垂直的轴为法向的截面上,应力垂直于截面. 这就是柯西引入的主应力. 以这 3 个轴作为坐标轴,应力矩阵成为对角矩阵. 于是,求一点处的应力状态归结为求 3 个主应力[9].

应变与几何方程

柯西把应变规定为在外力作用下物体局部的相对变形. 对于微小变形,他用类似于研究应力的方法研究一点处的应变状态,指出它可用 6 个分量 $\varepsilon_{xx},\varepsilon_{yy},\varepsilon_{zz}$, $\varepsilon_{xy},\varepsilon_{yz},\varepsilon_{zx}$ 描绘,现称为柯西应变张量或小应变张量. 设 ξ,η,ρ 分别为 x,y,z 方向的位移分量,他用略去高阶无穷小的方法得到反映应变与位移之间关系的几何方程

$$\varepsilon_{xx} = \frac{\partial \xi}{\partial x}, \varepsilon_{yy} = \frac{\partial \eta}{\partial y}, \varepsilon_{zz} = \frac{\partial \rho}{\partial z}$$

Cauchy 函数方程

$$\varepsilon_{xy} = \frac{1}{2}\left(\frac{\partial \xi}{\partial y} + \frac{\partial \eta}{\partial y}\right)$$

$$\varepsilon_{yz} = \frac{1}{2}\left(\frac{\partial \eta}{\partial z} + \frac{\partial \zeta}{\partial y}\right)$$

$$\varepsilon_{zx} = \frac{1}{2}\left(\frac{\partial \zeta}{\partial x} + \frac{\partial \xi}{\partial z}\right)$$

对于应变,同样可构造应变二次曲面,建立主应变概念[9].

应力与应变之间的关系

对于微小变形,柯西假定主应力分别沿主应变方向. 起初他考虑各向同性情形,此时 3 个主应力与主应变成等比例,由此得到用 ε 线性表示 σ 或用 σ 线性表示 ε 的公式,其中有两个常数. 后来他进而研究各向异性情形,此时用 ε 线性表示 σ 的公式中有 $3^4 = 81$ 个分量即 81 个弹性常数. 由对称性,他推出其中只有 36 个是独立的(文献[1],(2)9,pp.342-372). 这些公式是胡克定律的推广,现在通称为广义胡克定律.

弹性体运动和平衡方程

在 1828 年关于弹性体与非弹性体内部运动和平衡的论文[9,10]中,对各向同性物体内任何一点,柯西得到

$$(\lambda + \mu)\frac{\partial v}{\partial x} + \mu\left(\frac{\partial^2 \xi}{\partial x^2} + \frac{\partial^2 \xi}{\partial y^2} + \frac{\partial^2 \xi}{\partial z^2}\right) = \rho \frac{\partial^2 \xi}{\partial t^2}$$

$$(\lambda + \mu)\frac{\partial v}{\partial y} + \mu\left(\frac{\partial^2 \eta}{\partial x^2} + \frac{\partial^2 \eta}{\partial y^2} + \frac{\partial^2 \eta}{\partial z^2}\right) = \rho \frac{\partial^2 \eta}{\partial t^2}$$

$$(\lambda + \mu)\frac{\partial v}{\partial z} + \mu\left(\frac{\partial^2 \zeta}{\partial x^2} + \frac{\partial^2 \zeta}{\partial y^2} + \frac{\partial^2 \zeta}{\partial z^2}\right) = \rho \frac{\partial^2 \zeta}{\partial t^2}$$

其中 $v = \frac{\partial \xi}{\partial x} + \frac{\partial \eta}{\partial y} + \frac{\partial \zeta}{\partial z}$ 为膨胀系数,λ, μ 是由材料决定的常数,ρ 是密度. 他还写出了非各向同性的弹性体的

运动和平衡方程.

总之,柯西确定了应力和应力分量、应变和应变分量概念,建立了弹性力学的几何方程、运动和平衡方程、各向同性及各向异性材料的广义胡克规律,从而奠定了弹性力学的理论基础,成为19世纪继拉普拉斯之后法国数学物理学派最杰出的代表.

§4 多产的科学家

柯西全集

柯西是仅次于欧拉的多产数学家,发表论文 800 篇以上,其中纯数学约占 65%,几乎涉及当时所有数学分支;数学物理(力学、光学、天文学)约占 35%. 1882 年起,巴黎科学院开始出版《柯西全集》[1],把他的论文按所登载的期刊分类,同一种期刊上的则按发表时间顺序排列.

《全集》凡 27 卷,分两个系列.第一系列共 12 卷,发行于 1882~1911 年,包括发表于巴黎科学院刊物上的论文.第二系列共 15 卷.第 1,2 两卷是发表于其他科学期刊上的论文;第 3,4,5 卷是他写的教材;第 6 至 14 卷是他个人出版的刊物——51 期《数学演习》,5 期《分析概要》(Resumés analytiques),8 期《数学新演习》和 48 期《分析和数学物理演习》.第 15 卷于 1974 年问世,主要包含他以小册子或石印形式发表的著作.

《全集》中有 8 篇文章谈及教育、犯罪和宗教信仰问题;其他非科学著作未收入《全集》.柯西 1824 年在综合工科学校讲授第二学年分析的讲义已由 C. 吉兰

(Gilain)编辑出版[11]. 他的大部分手稿和信件存放于巴黎科学院档案馆.

在柯西生前和身后,不断有人批评他发表过多;事实上他也确实发表了一些价值很小或内容重复的文章,然而他的绝大多数论著都显示了一位多才多艺的学者对科学的卓越贡献. 下面介绍他在前述三个领域外的主要工作.

常微分方程

柯西在历史上首次研究了常微分方程解的局部性态. 给定微分方程 $y'=f(x,y)$ 及初始条件 $y(x_0)=y_0$, 在 f 连续可微的假定下,他用类似于欧拉折线的方法构造逼近解,利用微分中值定理估计逼近解之间差的上界,严格证明了在以 x_0 为中心的一个小区间上逼近解收敛,其极限函数即为所提问题的解. 他指出这个方法也适用于常微分方程组. 柯西还给出了具有非唯一解的初值问题的例子,表明他已洞察到微分方程论的本质[11].

柯西的另一贡献是他所称的"界限演算",即现在通称的"强函数法"或"强级数法". 他指出,对以前所用的微分方程积分法,"只要人们不提供保证所得级数收敛且其和是满足给定方程的函数的手段,就往往是虚幻的". 在研究 $f(x,y)$ 在点 (x_0,y_0) 的邻域内可展开为幂级数的微分方程 $y'=f(x,y)$ 时,他用 $y'=F(x,y)$ 与之比较,其中 F 满足:如果

$$f(x,y)=\sum c_{kj}(x-x_0)^k(y-y_0)^j$$

$$F(x,y)=\sum C_{kj}(x-x_0)^k(y-y_0)^j$$

则对一切 k,j 有 $|c_{kj}|\leqslant C_{kj}$. 他证明,如果 $y'=F(x,y)$

附录 Ⅲ 柯西的数学贡献

在 x_0 的邻域内有可展开为幂级数的解,则 $y'=f(x,y)$ 在该邻域内也有可展开为幂级数的解;他并且给出了选取强函数的一般方法(文献[1],(1)2,6,7).

柯西还把残数演算应用于解 $F\left(\dfrac{\mathrm{d}}{\mathrm{d}t}\right)u=0$($F$ 是一个多项式),得到

$$u=\frac{1}{2\pi\mathrm{i}}\int_C \frac{\phi(s)\mathrm{e}^{st}}{F(s)}\mathrm{d}s$$

其中 C 是任一包围 F 所有零点的围道,ϕ 是任一多项式(文献[1],(1),4,p.370).

对于一阶常系数线性微分方程组 $\dfrac{\mathrm{d}\boldsymbol{x}}{\mathrm{d}t}=\boldsymbol{A}\boldsymbol{x}$(用现代写法,其中 $\boldsymbol{x}$ 是 n 维向量,$\boldsymbol{A}$ 是给定的 n 阶矩阵),他引进 $S(s)=\det(\boldsymbol{A}-s\boldsymbol{I})$($\boldsymbol{I}$ 是单位矩阵),得到所给方程组在初始条件 $x(0)=\alpha$ 下的解(文献[1],(1)5,6).

偏微分方程

柯西与 J. F. 普法夫(Pfaff)同时(1819 年)发现了一阶偏微分方程组的特征线法,但他的方法更简便. 对于方程组 $\dfrac{\mathrm{d}x_i}{\mathrm{d}t}=Z_i(x_1,\cdots,x_n), i=1,\cdots,n$,他设计了利用 e^{tZ} 的另一解法,这里 $Z=\displaystyle\sum_{i=1}^{n}Z_i(x_1,\cdots,x_n)\frac{\partial}{\partial x_i}$,并用强级数证明收敛性(文献[1],(2)9,pp.399-465).

柯西把傅里叶变换应用于他在研究流体力学、弹性论和光学中遇到的常系数线性偏微分方程. 他在 1815 年的论文中已正确写出了傅里叶变换的反演公式(傅里叶于 1807 和 1811 年已得到这些公式,但直到 1824 至 1826 年才发表). 他还引进了积分号下的收敛因子和奇异因子(相当于 δ 函数). 在大量使用傅里叶

Cauchy 函数方程

变换方面,柯西超过了泊松以至傅里叶本人.

1821 年后,柯西考虑了写成算子形式的线性偏微分方程

$$F\left(\frac{\partial}{\partial x_1},\cdots,\frac{\partial}{\partial x_n},\frac{\partial}{\partial t}\right)u=0$$

其中 F 是 $n+1$ 元多项式.他发现,对于满足 $F(w_1,\cdots,w_n,s)=0$ 的每组 $w_1,\cdots,w_n,s$, $\exp\left(\sum_{k=1}^{n}w_k x_k+st\right)$ 是所给方程的解.他把这类指数形式的解叠加,以便用傅里叶变换得到通解.对于波动方程,这就是平面谐波的叠加.当给定初始条件

$$\left|\frac{\partial^k u}{\partial t^k}\right|_{t=0}=0 \quad (k=0,1,\cdots,n-2)$$

$$\left|\frac{\partial^{n-1} u}{\partial t^{n-1}}\right|_{t=0}=v(x_1,\cdots,x_n)$$

时,他得到了写为围道积分形式的解(文献[1],(2)1,2).

柯西于 1842 年考虑了一阶线性偏微分方程组的初值问题

$$\begin{cases}\dfrac{\partial u_k}{\partial t}=F_k\left(t,x_1,\cdots,x_n;u_1,\cdots,u_m,\dfrac{\partial u_1}{\partial x_1},\cdots,\dfrac{\partial u_m}{\partial x_n}\right)\\ u_k(0,x_1,\cdots,x_n)=w_k(x_1,\cdots,x_n) \quad (k=1,2,\cdots,m)\end{cases}$$

他用强函数法证明,如果 F_k 是某点邻域内的解析函数且对各个 $\dfrac{\partial u_k}{\partial x_j}$ 是线性的,w_k 在该邻域内也解析,则所给问题存在唯一解,并可展开为局部收敛的幂级数(文献[1],(1)6,pp.461-470).后来 C. B. 科瓦列夫斯卡雅(Ковалевская)于 1875 年重新发现和证明了这个结果.

附录 Ⅲ 柯西的数学贡献

群论

E. 伽罗瓦(Galois)使代数研究的性质起了根本的变化,而柯西是伽罗瓦的先驱者之一.他在 1812 年关于对称函数的论文[12]中证明,n 元有理函数能取的不同值的数目,或者不大于 2,或者不小于包含于 n 中的最大素数 p.

柯西与拉格朗日、P. 鲁菲尼(Ruffini)同为最早研究代换群的数学家. 柯西定义了代换之积,引进单位代换、逆代换、相似代换、代换的阶以及共轭代换系等概念,证明 P 与 Q 相似当且仅当存在代换 R 满足 $Q = P^{-1}RP$;任一代换群的阶可被群中任一代换的阶整除;n 个变量的代换构成的任何群的阶是 $n!$ 的一个因子(此点其实已被拉格朗日证明);当 $n > 4$ 时,n 个变量的一切代换构成的群 S_n 的子群 H 在 S_n 中的指数或者是 2,或者至少是 n;如果素数 p 整除一有限群的阶,则在群中存在 p 阶元. 刊载这些结果的论文发表于 1845～1846 年(文献[1],(1)9,10 及文献[13]),当时即得到广泛传播,对群论的发展有相当大的影响.

行列式

莱布尼茨、拉格朗日、拉普拉斯等人都研究过行列式. 在 19 世纪,很大程度上是柯西使它得到持续发展. 事实上,déterminant(行列式)这个术语就是他引入的. 与现在通常的做法不同,柯西于 1812 年从 n 个元或数 $a_1, \cdots, a_n$ 出发,作所有不同元之差的积 $a_1 a_2 \cdots a_n (a_2 - a_1)(a_3 - a_1) \cdots (a_n - a_1) \cdots (a_n - a_2) \cdots (a_n - a_{n-1})$;对于这个积中各项所含的幂,把字母右肩上的指数改写为第二个下标,即把 a_r^s 改写为 $a_{r,s}$,把这样改写后得到的表示式定义为一个行列式,记作

Cauchy 函数方程

$S(\pm a_{1\cdot 1} a_{2\cdot 2} \cdots a_{n\cdot n})$. 然后他把所得式中 n^2 个量排成正方形表

$$\begin{matrix} a_{1\cdot 1} & a_{1\cdot 2} & \cdots & a_{1\cdot n} \\ a_{2\cdot 1} & a_{2\cdot 2} & \cdots & a_{2\cdot n} \\ \vdots & \vdots & & \vdots \\ a_{n\cdot 1} & a_{n\cdot 2} & \cdots & a_{n\cdot n} \end{matrix}$$

称这 n^2 个量构成一个"n 阶对称系",并用循环代换给出确定各项符号的法则. 他引进共轭元、主元等概念,导出行列式的许多性质. 他还把行列式用于几何与物理问题,例如求平行六面体体积. 在与波有关的问题中引进的条件 $S\left(\pm\dfrac{\mathrm{d}x}{\mathrm{d}a}\dfrac{\mathrm{d}y}{\mathrm{d}b}\dfrac{\mathrm{d}z}{\mathrm{d}c}\right)=1$,左边就是后来通称的雅可比行列式.

数论

柯西在数论中也得出不少结果或给出一些已有结论的新证明. 1813 年,他给出 P. de 费马(Fermat)关于每个正整数是 m 个 m 角数之和这一论断的第一个证明;他还得到,除 4 个数外,所有其余的 m 角数均可取 0 或 1(文献[1],(2)6,pp.320-353). 1840 年,他证明若 p 是形如 $4l+3$ 的素数,A 是 p 的二次剩余,B 是 p 的二次非剩余,两者均介于 0 与 $\dfrac{p}{2}$ 之间,则依 $p=8l+3$ 或 $8l+7$,有

$$\frac{A-B}{2} \equiv -3B_{(p+1)/4} \text{ 或 } B_{(p+1)/4} \pmod{p}$$

其中 B 为伯努利数(文献[1],(1)3,p.172). 他还得到,如果 n 没有平方因子且形如 $4l+3$,A,B 是 n 的小于 $\dfrac{n}{2}$ 的二次剩余与二次非剩余的数目,则

附录 Ⅲ　柯西的数学贡献

$$A - B = \left(2 - \frac{2}{n}\right)\frac{\sum b - \sum a}{n}$$
$$= \left(2 - \frac{2}{n}\right)\frac{\sum b^2 - \sum a^2}{n^2}$$

其中 a,b 大于 0 小于 n 且 $(a/n) = 1, (b/n) = -1$. 对 $n = 4l + 1$ 也有类似的公式. 他由此得到,对 $n = 4l + 3$,有

$$h(-n) = \left(2 - \frac{2}{n}\right)\frac{\sum b^2 - \sum a^2}{n^2}$$

其中 $h(-n)$ 是真本原类的个数. 该式称为柯西类数公式(文献[1],(1)3,p.388).

解析几何

柯西有效地应用了直线和平面的法式方程,给出了空间直线方程的参数形式

$$\frac{x - x_0}{\cos a} = \frac{y - y_0}{\cos b} = \frac{z - z_0}{\cos c}$$
$$= \pm\sqrt{(x - x_0)^2 + (y - y_0)^2 + (z - z_0)^2}$$

他研究了二次曲面的分类,完整地讨论了径面和中心问题,完善了欧拉、蒙日和 J. N. P. 阿歇特(Hachette)的有关工作. 他在本质上给出了现在教科书上通用的由标准型二次项系数的符号来分类的结果. 他还研究了单叶双曲面的母线(文献[1],(2)5,8).

微分几何

欧拉给出了空间曲线的弧微分公式,柯西进一步用弧长作为参数,使 x,y,z 的作用对称化. 他定义了位于密切平面上的主法线,指出其方向余弦与 $\dfrac{\mathrm{d}^2 x}{\mathrm{d}s^2}, \dfrac{\mathrm{d}^2 y}{\mathrm{d}s^2}, \dfrac{\mathrm{d}^2 z}{\mathrm{d}s^2}$ 成比例. 他得到空间曲线曲率和挠率公式

$$\frac{1}{\rho}=\sqrt{\left(\frac{\mathrm{d}^2 x}{\mathrm{d}s^2}\right)^2+\left(\frac{\mathrm{d}^2 y}{\mathrm{d}s^2}\right)^2+\left(\frac{\mathrm{d}^2 z}{\mathrm{d}s^2}\right)^2},\frac{1}{\tau}=\frac{\mathrm{d}\Omega}{\mathrm{d}s}$$

其中 Ω 是密切平面与一固定平面的夹角[4]. 后来 F. J. 弗雷内(Frenet)于 1847 年, J. A. 塞雷(Serret)于 1850 年独立于柯西给出了通称的弗雷内－塞雷公式.

柯西证明曲面上通过某点的所有曲线在该点的切线位于同一平面上, 此即切平面. 设曲面方程为 $u(x,y,z)=0$, 他写出点 (x,y,z) 处的切平面方程为

$$(\xi-x)\frac{\partial u}{\partial x}+(\eta-y)\frac{\partial u}{\partial y}+(\rho-z)\frac{\partial u}{\partial z}=0^{[4]}$$

误差论

拉普拉斯研究了如何使 n 个观察数据 (x_k,y_k) $(k=1,2,\cdots,n)$ 拟合于直线 $y=ax+b$. 柯西在拉普拉斯建议下用类似方法研究了三维数据拟合 $z=ax+by+c$ 的问题(文献[1], (2)1,2), 他提出使一组观察数据拟合于多项式 $u=ax+by+cz+\cdots$, 其中项数依赖于拟合的优度, 在计算过程中确定. 他假定误差 $\varepsilon_k=u_k-ax_k-by_k-cz_k-\cdots$ 具有概率密度 f, 并采用了一些不大可靠的假设, 结果得出一个著名的概率密度: 若 f 满足他所作的假设, 则它具有傅里叶变换 $\phi(\xi)=\mathrm{e}^{\alpha\xi^N}$, α, N 为常数. 当 $N=1$ 时, 就得到通称的柯西概率密度

$$f(\xi)=\frac{\gamma}{\pi}\frac{1}{1+r^2\xi^2}$$

(文献[1], (1)2, pp. 5-17).

数值分析

像许多同时代数学家一样, 柯西也热衷于数值逼近. 他计算 e 到小数点后 7 位, 并估计了取 e 的级数展开前 n 项时所产生的误差. 他描述了解方程的迭代方法, 并在具体例子中给出误差估计. 对于微分方程和差

分方程,他也给出了许多近似解的误差估计.他首次表述了牛顿求方程根的方法在何种条件下收敛,并借助现称的柯西-施瓦兹不等式推广到复函数情形,给出了数值例子.他把拉格朗日插值公式推广到有理函数,并得到了与高斯、埃尔米特所得结果类似的三角插值公式(文献[1],(1)5,(2)3).

光学

柯西在两个方面改进了 A.J.菲涅尔(Fresnel)的理论.第一,他从以太分子作用的更一般的理论出发,预言了3条偏振光线的传播,而菲涅尔认为只有2条.第二,柯西指出菲涅尔关于光线中以太分子的振动垂直于偏振平面的看法不对,认为偏振平面平行于光线和以太振动的方向.

柯西还对光的反射和折射提出了自己的看法,并相当成功地解释了双折射.他还试图在分子基础上解释光速对波长的依赖问题(文献[1],(1)2,4,5;(2)2).

天体力学

柯西证明了天文学中出现的一些级数的收敛性并做了详细的计算,特别对开普勒方程的解和摄动函数的展开进行了细致的讨论,其中有现在天文学教材上仍提到的柯西系数.柯西关心 U.J.J.勒威耶(Le Verrier)的工作,后者于1845年对智神星平均运动中的大不等式做了冗长的计算,柯西随即用简单得多的方法加以检验.他使用的工具是偏近点角到平近点角的过渡公式以及所谓"柯西混合法",即在计算摄动函数的负幂时把数值积分与有理积分结合起来,并按平近点角展开摄动函数,对某项后的各项进行渐近估计.(文献[1],(1)5)

Cauchy 函数方程

§5 复杂的人

从柯西卷帙浩大的论著和多方面丰硕的成果,人们不难想象他一生怎样孜孜不倦地勤奋工作.但是,如果不了解柯西的另一些侧面,对他的认识就会是不完整的.

忠诚的保王党人

柯西属于波旁有产阶层,毕生忠于波旁王室.他于 1808 年加入圣会,该会成立于 1801 年,发展很快,逐渐由初创时的宗教团体演变为具有强烈保王党色彩的政治团体,在波旁王朝复辟时代举足轻重,能左右政局.

如前所说,1830 年革命后,柯西离开法国.他在 1835 年对此事作了如下解释:"人们非常清楚地知道是什么事件使我正式放弃我在法国拥有的三个席位,只有何种庄严的召唤才能使我放弃撒丁国王屈尊授予我的数学物理教席.毋庸置疑,我确信我能为路易十六近裔 …… 的进展做出贡献."(文献 [1],(2)10,pp.189-190) 这里的"事件"当然指波旁王朝再次倾覆,而"庄严的召唤"当指查理十世聘请他担任其孙的宫廷教师.1852 年 5 月,柯西为拒绝宣誓效忠拿破仑三世致信巴黎理学院院长,声明他继续忠于波旁王室[15].

具有讽刺意味的是,正是推翻了波旁王朝的法国大革命,为科学进步、也为柯西天才的发挥创造了十分有利的条件.革命后科学家和工程师享有的崇高荣誉,综合工科学校的建立,以及许多科学机构的积极活动,

附录 Ⅲ　柯西的数学贡献

都是对年轻有为者从事科学工作的巨大吸引和鼓舞. 另一方面,柯西在科学中的卓越贡献,也是对社会革命的促进. 情形多少有点像巴尔扎克:他也是保王党人,但《人间喜剧》(La comédie humaine)描绘的却正是贵族阶级只配落得破产的命运.

热心的天主教徒

柯西的父亲从小对柯西进行宗教教育,因而柯西童年时即已熟读《圣经》. 1816 年后,柯西积极参加圣会的慈善活动,访问医院和监狱,宣传教义. 1824 年,他参与筹组天主教协会,为 5 名理事之一. 他多次在科学院会议上颂扬宗教,司汤达尔(Stendhal)称他为"法兰西研究院中穿短袍的耶稣会士". 1839 年,柯西参与创建天主教学院,1842 年任该院秘书,热心于院里的教学. 1850 年曾在《宗教之友》(L'Ami de La Religion)上发表两封长信,对反耶稣会的人进行攻击.

柯西的天主教宗教活动与保王党政治态度是紧密相连的. 正如他自己所说:"天主教事务由正统派独揽"[15],这里"正统派"就是拥戴波旁王室的政治派别.

落落寡合的学者

尽管柯西彬彬有礼,但与科学院中的同事关系冷淡. 19 世纪 20 年代的一篇文章这样评论柯西:"他的呆板苛刻以及对刚踏上科学道路的年轻人的冷漠,使他成为最不可爱的科学家之一."[25]

科学界对复辟的王朝于 1816 年清洗卡诺和蒙日很反感,因为两人都是受人尊敬的科学家. 柯西却毫不犹豫地接受了国王令他接任院士的任命. 以柯西的才华和贡献而不通过选举成为院士,实在不是什么光荣.

柯西在科学院会议上宣扬宗教,加之他性格孤僻,很不欣赏具有自由派色彩的科学家如普安索和阿拉戈,就使他在会议中常处于孤立状态. 正如有人回忆的:"他的天主教狂热和多疑的性格,使他在这样的集会上与周围的人很不协调,显得怪诞."[15]

作为教师和导师的柯西

虽然柯西写下了伟大的分析教本,但似乎算不上一位出色的教师. 在综合工科学校讲授分析时,由于内容过于抽象,曾多次受到校方和学生的批评. 在都灵大学讲课时,开始报名听课的人很多,而其讲课情形,据 L. F. 梅纳勃劳(Menabrea)回忆说:"非常混乱,突然从一个想法跳到另一个公式,也弄不清是怎么转过去的. 他的讲授是一片乌云,但有时被天才的光辉照亮;对于青年学子,他令人厌倦."[15] J. 贝特朗(Bertrand)曾这样回忆柯西在巴黎理学院的讲课:"应当承认,他的第一堂课使听众(他们都是优秀学生)的期望落空,他们不是陶醉而是惊讶于他涉及的有点混乱的各式各样的主题."[16] 不过,他在讲课时所表现出的天才仍使不少人受益,包括后来成为优秀数学家的埃尔米特、皮瑟、布里奥、布凯和 C. 梅雷(Méray).

当时巴黎是欧洲数学中心,年轻学子从各地赶来,在巴黎理学院和法兰西学院听课,拜会久负盛名的科学泰斗. 同时,法国本土也不断产生年轻的天才. 所有这些人都需要得到鼓励和指导. 柯西本人起步时也得到过拉格朗日、拉普拉斯和泊松的帮助,但他对后起之秀却不甚热心,有时甚至冷漠无情. 在对待 J. V. 庞斯列(Poncelet)、阿贝尔和伽罗瓦的态度上,柯西为人的欠缺至为明显.

附录 Ⅲ 柯西的数学贡献

庞斯列关于射影几何的研究招致柯西严厉的批评,说它缺乏严格性.许多年后,庞斯列在回忆柯西于 1820 年 6 月的一天打发他走时,仍然充满怨气和辛酸,说从柯西那里"没有得到任何指点,任何科学评价,也不可能获得理解"[15].是不是由于庞斯列参加了 1812 年的远征并在俄国被俘而导致作为保王党人的柯西的反感,就不得而知了.

阿贝尔写道,对于柯西,"没法同他打交道,尽管他是当今最懂得应当如何搞数学的数学家.""我已完成了一篇关于一类超越函数的大文章,……我把它给了柯西,但他几乎没有瞟一眼."[26] 这就是那篇在椭圆函数论中具有划时代意义的论文.傅里叶于 1826 年 10 月 30 日把此文送交勒让德和柯西,并让后者写审定结论.柯西把稿子扔在一边,只是当雅可比注意到此文并通过勒让德征询其下落时,柯西才于 1829 年 6 月 29 日把该文连同他写的一篇颇有保留的评论提交科学院,而这时阿贝尔已去世.此文直到 1841 年才发表.

1829 年 5 月,伽罗瓦把他关于代数方程解的两篇论文呈递科学院.6 月 1 日的科学院会议决定让柯西进行审查,但他没有做出任何结论,他把这两份手稿丢失了!这两份珍贵的手稿迄今仍未找到[20].

文 献

原始文献

[1] A. L. Cauchy, Oeuvres complètes d'Augustin Cauchy, Ganchier-Villars, Paris, 1882-1974.

[2] A. L. Cauchy, Cours d'analyse de l'Ecole royale polytechnique; l^{re} partie, Analyse algebrique, 1821; Oeuvres, (2)3(即第 2 系列第 3 卷,下仿此).

[3] A. L. Cauchy, Resumé des Lesons donnés a l'Ecole royale polytechnique sur le calcul in finitésimal, Tome premier, 1823; Oeuvres, (2)4, pp. 1-261.

[4] A. L. Cauchy, Lesons sur ies applications du calcul infinitésimal à la gémétrie. 1826 ~ 1828; Oeuvres, 2(5).

[5] A. L. Cauchy, Lesons sur le calcul differential, 1829; Oeurves, (2)4, pp. 263-609.

[6] A. L. Cauchy, Théorie de la propagation des ondes a la surface d'un fluide pesaut d'une profondeur indéfinie; Oeuvres, (1)1, pp. 5-318.

[7] A. L. Cauchy, Mémoire sur la théorie des intégrales définies; Oeuvres, (1)1, pp. 319-506.

[8] A. L. Cauchy, Mémoire sur les integrales définies prises entre des limites imaginares; Oeuvers, (2)15, pp. 41-89.

[9] A. L. Cauchy, Sur les équations qui expriment les conditions d'equilibre ou les lois du mouvement

intérieur d'un corps solide, élastique, ou non élastiquc; Oeuvres, (2)8, pp. 195-226.

[10] A. L. Cauchy, De la pression ou tension dans un systéme de points matériels; Oeuvres, (2)8, pp. 251-277.

[11] A. L. Cauchy, Équations differentielles, cours inédit(fragment), Écudes Vivantes, Paris, 1981.

[12] A. L. Cauchy, Sur les fonctions symétriques; Oeuvres, (2)1, pp. 64-169.

[13] A. L. Cauchy, Mémoire sur les arrangements que l'on peur former avec des lettres données; Oeuvres; (2)8, pp. 171-282.

研究文献

[14] 沈永欢. 19世纪函数论发展中的几个关键时刻, 北京工业大学学报, 11(1985), 125-136.

[15] B. Belhoste, Cauchy. Un mathématician légitimiste au XIX e siécle, Belin, 1984.

[16] J. Bertrand, La vie et les travaux du baron Cauchy par C. A. Valson, Jourl. Savants, 1896, pp. 205-215.

[17] J. Bertrand, Éloge d'Augustin-Louis Cauchy, Éloge Acad. ,2, Paris, 1909, pp. 101-120.

[18] U. Bottazzini, The higher calculus: A history of real and complex analysis from Euler to Weierstrass, Springer, 1986.

[19] A. Dahan, Les travaux de Cauchy sur les substitutions, Étude de son approche du concept de groupe, Arch. Hist. Exact. Sci. ,23(1980), pp. 279-319.

[20] A. Dalmas, Évariste Galols, Revolutionaire et géométre, Fasquells Éditeurs, 1956(中译本:A. 达尔玛,伽罗瓦传,商务印书馆,1981).

[21] H. Freudenthal, Cauchy, Augustin-Louis, 见 Dictionary of scientific biography, Vol. 3, 1971, pp. 131-148.

[22] T. V. Grabiner, The origins of Cauchy's rigorous calculus, MIT Press, 1981.

[23] I. Grattan-Guinness, Bolzano, Cauchy and the "new analysis" of the early nineteenth centry, Arch. Hist. Exact Sci., 6(1970), pp. 372-400.

[24] I. Grattan-Guinness, The development of the foundations of mathematical analysis from Euler to Riemann, MIT Press, 1970.

[25] I. Grattan-Guinness. Convolutions in French mathematics, 1800 ~ 1840. from the calculus and mechanics to mathematical analysis and mathematical physics, 3 vols., Birkhäuser Verlang, 1990.

[26] O. Ore, Niels Henrick Abel, Mathematician extraordinary, Chelsea, 1957.

[27] E. Picard, Sur le développement de l'analyse et ses rapports avec diverses sciences. Pavis, 1905.

[28] H. Poincaré, L'oeuvre mathématique de Weierstrass, Acta Math., 22(1899), pp. 1-18.

[29] C.-A. Valson, La vie et les travaux du baron Cauchy, Paris, 1970.

编辑手记

怎样评价解题方法.当代最负盛名的英国数学心理学家斯根普(R. Skemp)有一篇著名论文,题目是"关系性理解和工具性理解"(Relational and Instrumental Understanding),这是对"理解"层次认识的一次重大突破.

斯根普指出,工具性理解是指一种语义性理解:符号 A 所指代的事物是什么,或者一种程序性理解,一个规则 R 所指定的每一个步骤是什么,如何操作等.简言之,就是按照语词的本意和计算程序进行操作,即"只知是什么,不知为什么".

Cauchy 函数方程

华东师大的张奠宙教授联想到:1996 年钱伟长在《自然杂志》复刊后的卷首篇发表了一篇文章,其中提到数学工具与工程技术关系的论述,钱伟长说:"做一番事业,用的工具要恰到好处,目的是解决问题.就像屠夫杀猪要用好刀,但这把刀能用好就行,不要整天磨刀,欣赏刀,刀磨得多好啊! 那是刀匠的事."钱校长还说:"不要做刀匠,要做屠夫,去找最合适的刀,去杀最难的问题."

钱伟长对数学这把刀在工程上应用的论述,和斯根普所说的"工具性理解"意思是相通的.仔细想来,钱伟长所说的"刀"就是工具.对于"刀",使用者必须能加以识别,了解它的价值、效能、用途,会用它解决各种问题,即知悉"刀"之"然".这是大多数"屠夫"应知应会的内容.一些好的"屠夫"虽然不是刀匠,不必会制造刀.但是知道一些"刀"的制造过程,"知道其所以然",有助于用好刀.这相当于对"刀"的关系性理解.至于一些使用该刀的专家(屠夫),除了能够创造性地利用这把刀,解决一些复杂的问题,并转而发现原"刀"的不足,对"制刀"提出改革建议.这就不仅知道其所以然,还能发现新的"然",由此可以进入到创新的层面了.

选择什么样的问题来剖析这把刀,是初等数学还是高等数学.先看一个段子:

100 元的衣服和 200 元的衣服,我们外行根本分不清,得上千元才能摸出是好料子;500 元的假包和 2 万元的真包,出去唬人都一样,气质好的姑娘背个假的也像真的.反倒是煎饼果子,3 元普通的和 5 元加肠的,一口咬下去就知;吃米线,8 元全素的和 20 三种荤菜的,幸福度差几条街.初等数学问题好比米线和煎饼果子我们再熟悉不

编辑手记

过了,所以还是以此为入口较益.在本书中提到的上海交通大学的这道自主招生试题中主要使用了两个工具.一个是因式分解公式,它的一般形式可表述为:

求出所有的复数 m,使得多项式
$$x^3 + y^3 + z^3 + mxyz$$
可以被表示成三个线性三项式的乘积.

解 不失一般性,在所有的因式中,z 的系数都是 1. 设 $z + ax + by$ 是 $p(x,y,z) = x^3 + y^3 + z^3 + mxyz$ 的一个线性因子. 那么 $p(z)$ 在每个 $z = -ax - by$ 处都是 0,因此
$$x^3 + y^3 + (-ax - by)^3 + mxy(-ax - by)$$
$$= (1-a^3)x^3 - (3ab+m)(ax+by)xy + (1-b^3)y^3 \equiv 0$$
这显然等价于 $a^3 = b^3 = 1$ 和 $m = -3ab$,由此可以得出
$$m \in \{-3, -3\omega, -3\omega^2\},\text{其中}\ \omega = \frac{1+\mathrm{i}\sqrt{3}}{2}.$$
因此对 m 的每个可能值,恰有三个可能的 (a,b),故 $-3, -3\omega, -3\omega^2$ 就是所求的值.

尽管我们在本书中只使用了 $m = -3$ 这个结果,但其他两个也很重要.

第二个所使用的工具就是著名的柯西方程.它是如此的基本,以至于在许多貌似无关的问题中都会发现它的身影,并且一般来说使用后效果还都很好.为了给出一个对比,我们举一道 IMO 试题,给出四种证法.第一种我们使用柯西方程来解,另外三种我们用其他方法来解,优劣读者自有评价.这是第 17 届 IMO 的最后一题,由英国命题:

求一切含两个变量的多项式 p 满足下列条件:

(1) 对一正整数 n 和一切实数 t,x,y 有
$$p(tx,ty) = t^n p(x,y)$$

Cauchy 函数方程

即 p 为 n 次齐次式.

(2) 对所有实数 a,b,c 有
$$p(a+b,c)+p(b+c,a)+p(c+a,b)=0$$
(3) $p(1,0)=1$.

解法 1 我们将指出满足条件(1)～(3)的函数 $p(x,y)$ 是唯一的连续函数
$$p(x,y)=(x+y)^{n-1}(x-2y) \qquad ①$$
如此,原设 $p(x,y)$ 是多项式实际上是多余的,于条件(2)令 $b=1-a,c=0$,得
$$p(1-a,a)+p(a,1-a)+p(1,0)=0$$
因 $p(1,0)=1$,得
$$p(1-a,a)=-1-p(a,1-a) \qquad ②$$
其次,令 $1-a-b=c$,根据条件(2)得
$$p(1-a,a)+p(1-b,b)+p(a+b,1-a-b)=0$$
由式 ②,这意指
$$-2-p(a,1-a)-p(b,1-b)+p(a+b,1-a-b)=0$$
或等价于
$$p(a+b,1-a-b)=p(a,1-a)+p(b,1-b)+2 \qquad ③$$
令 $f(x)=p(x,1-x)+2$,式 ③ 则变成
$$f(a+b)-2=f(a)-2+f(b)-2+2$$
即
$$f(a+b)=f(a)+f(b) \qquad ④$$
因 $p(x,y)$ 是连续的,故 $f(x)$ 也是连续的.

柯西一重要定理断言满足式 ④ 的函数 $f(x)$ 是唯一的连续函数 $f(x)=kx$,其中 k 为一常数.现在应用它去求常数 k,我们注意到
$$f(1)=p(1,0)+2=1+2=3$$

可知 $k=3$,所以
$$f(x)=3x$$
既然依定义有
$$f(x)=p(x,1-x)+2$$
故得
$$p(x,1-x)=3x-2 \qquad ⑤$$

若 $a+b\neq 0$,我们可在条件(1)中令 $t=a+b$,$x=\dfrac{a}{a+b}$,$y=\dfrac{b}{a+b}$,便得
$$p(a,b)=(a+b)^n p\left(\dfrac{a}{a+b},\dfrac{b}{a+b}\right) \qquad ⑥$$

等式 ⑤ 取 $x=\dfrac{a}{a+b}$,则 $1-x=\dfrac{b}{a+b}$,故得
$$p\left(\dfrac{a}{a+b},\dfrac{b}{a+b}\right)=\dfrac{3a}{a+b}-2=\dfrac{a-2b}{a+b}$$

把上式代入式 ⑥,得
$$p(a,b)=(a+b)^n \dfrac{a-2b}{a+b}=(a+b)^{n-1}(a-2b)$$
$$a+b\neq 0$$

既然 $p(x,y)$ 是连续的,便知恒等式
$$p(a,b)=(a+b)^{n-1}(a-2b) \qquad ⑦$$

即使 $a+b=0$ 仍然成立.因此唯一的连续函数能满足已知条件的是式 ① 所定义的多项式 $p(x,y)$;反之,不难证明这多项式满足条件(1)~(3).

解法2 现给一种比较系统的解法.设 $p(x,y)$ 是一多项式,并设 $a=b=c$,对于一切 a,由条件(2) 有
$$3p(2a,a)=0$$

因此 $p(x,y)=0$.因 $x-2y=0$,不难证明(这留给读者去证明)p 有一个因子是 $x-2y$,即
$$p(x,y)=(x-2y)Q(x,y) \qquad ⑧$$

Cauchy 函数方程

其中, Q 为一个 $n-1$ 次多项式. 我们注意 $Q(1,0) = p(1,0) = 1$, 由条件(2)并用 $b = c$, 得
$$p(2b,a) + 2p(a+b,b) = 0$$
此式用 Q 表示, Q 是如式 ⑧ 所定义的, 得
$$(2b-2a)Q(2b,a) + 2(a-b)Q(a+b,b)$$
$$= 2(a-b)(Q(a+b,b) - Q(2b,a)) = 0$$
因此, 若 $a \neq b$, 则
$$Q(a+b,b) = Q(2b,a) \qquad ⑨$$
显然此式当 $a = b$ 时也成立. 令 $a+b=x, b=y$, 则 $a = x-y$, 式 ⑨ 变成
$$Q(x,y) = Q(2y, x-y)$$
这函数方程说明把 Q 的第一与第二自变量各易以第二的 2 倍与第一减去第二, 不会改变 Q 的值. 重复这原理导出
$$Q(x,y) = Q(2y, x-y) = Q(2x-2y, 3y-x)$$
$$= Q(6y-2x, 3x-5y) = \cdots \qquad ⑩$$
这里自变数的和常为 $x+y$. ⑩ 的各式可写成
$$Q(x,y) = Q(x+d, y-d)$$
其中
$$d = 0, 2y-x, x-2y, 6y-3x, \cdots \qquad ⑪$$

容易看出如果 $x \neq 2y$, 诸 d 的值相异. 对 x 与 y 的任何定值, 方程
$$Q(x+d, y-d) - Q(x,y) = 0$$
是 d 的 $n-1$ 次多项式方程, 且当 $x \neq 2y$ 时有无限多个解答(有些由式 ⑪ 给出). 所以, 若 $x \neq y$, 方程
$$Q(x+d, y-d) = Q(x,y)$$
对一切 d 均成立. 由连续性知当 $x = 2y$ 时也成立. 但这是指 $Q(x,y)$ 为单一变量 $x+y$ 的函数. 既然它是 $n-$

1次齐次式,那么
$$Q(x,y)=c(x+y)^{n-1}$$
其中,c 是一常数.又 $Q(1,0)=1$,故 $c=1$. 因此
$$p(x,y)=(x-2y)(x+y)^{n-1}$$

解法3 在第二个条件中,令 $a=b=c=x$,则得 $p(2x,x)=0$,即对于 $x=2y$,此多项式取值为 0. 因此有表达式
$$p(x,y)=(x-2y)Q_{n-1}(x,y) \qquad ⑫$$
其中,Q_{n-1} 是 $n-1$ 次的齐次多项式.

在第二个条件中令 $a=b=x,c=2y$,则得
$$p(2x,2y)=-2p(x+2y,x)$$
且由齐次性,有
$$2^{n-1}p(x,y)=-p(x+2y,x) \qquad ⑬$$
在表达式 ⑬ 中,以式 ⑫ 代入,则得
$$2^{n-1}(x-2y)Q_{n-1}(x,y)=-(2y-x)Q_{n-1}(x+2y,x)$$
因而
$$2^{n-1}Q_{n-1}(x,y)=Q_{n-1}(x+2y,x) \qquad ⑭$$
把第三个条件代入式 ⑫,得
$$Q_{n-1}(1,0)=1 \qquad ⑮$$
我们在式 ⑭ 中令 $x=1,y=0$,且由式 ⑮ 可得
$$2^{n-1}=Q_{n-1}(1,1) \qquad ⑯$$
现在在式 ⑭ 中令 $x=1,y=1$,则由式 ⑯ 得
$$4^{n-1}=Q_{n-1}(3,1) \qquad ⑰$$
这样,我们逐次可得
$$8^{n-1}=Q_{n-1}(5,3)$$
$$16^{n-1}=Q_{n-1}(11,5)$$
$$32^{n-1}=Q_{n-1}(21,11)$$
$$\vdots$$

从式 ⑭ 可见，一方面，左边的那些项每项乘以 2^{n-1} 而各式的右边变量和总是 $2x+2y$. 所以，存在无限多对 (x,y)，对它有

$$(x+y)^{n-1} = Q_{n-1}(x,y) \qquad ⑱$$

因为 Q_{n-1} 看作是一个多项式，关系式 ⑱ 是恒等式. 由此，代入式 ⑫ 就得

$$p(x,y) = (x-2y)(x+y)^{n-1} \qquad ⑲$$

容易验证，等式 ⑲ 满足题给的所有条件.

解法 4　在条件(2) 中令 $a=b=c$，得 $p(2a,a)=0$(对所有 a)，此即

$$p(x,y) = (x-2y)Q(x,y) \qquad ⑳$$

其中，Q 是一个 $n-1$ 次的齐次多项式. 由于 $p(1,0) = Q(1,0) = 1$. 在条件(2) 中令 $b=c$，得

$$p(2b,a) + 2p(a+b,b) = 0$$

而由式 ⑳ 知

$$(2b-2a)Q(2b,a) + 2(a-b)Q(a+b,b)$$
$$= 2(a-b)(Q(a+b,b) - Q(2b,a))$$

于是，对任意 $a \neq b$，有

$$Q(a+b,b) = Q(2b,a) \qquad ㉑$$

但是式 ㉑ 对 $a=b$ 也成立. 令 $a+b=x, b=y, a=x-y$，式 ㉑ 变为

$$Q(x,y) = Q(2y, x-y)$$

反复利用这个递推式，可得

$$Q(x,y) = Q(2y, x-y) = Q(2x-2y, 3y-x)$$
$$= Q(6y-2x, 3x-5y) = \cdots \qquad ㉒$$

其中两个变量之和都是 $x+y$，且式 ㉒ 中每一项都具有形式

$$Q(x,y) = Q(x+d, y-d)$$

编辑手记

其中
$$d = 0, 2y-x, x-2y, 6y-3x, \cdots \quad \text{㉓}$$

当 $x \neq 2y$ 时，上面的 d 的值两两不同．对任意固定的 x, y，方程 $Q(x+d, y-d) - Q(x,y) = 0$ 的左边是一个关于 d 的 $n-1$ 次多项式，且若 $x \neq 2y$，该方程有无穷多个解，其中一部分解由式 ㉓ 给出．因此，对 $x \neq 2y$，等式 $Q(x+d, y-d) = Q(x,y)$ 对所有 d 均成立．由连续性可知上述结论在 $x = 2y$ 时也成立．从而 $Q(x,y)$ 是关于 $x+y$ 的单变量函数．而 Q 是一个 $n-1$ 次齐次多项式．从而 $Q(x,y) = c(x+y)^{n-1}$，其中 c 为常数，由 $Q(1,0) = 1$，可知 $c = 1$．所以
$$p(x,y) = (x-2y)(x+y)^{n-1}$$

如果将函数 $f(x)$ 限定为有限可积的，则柯西方程还有一个更简单的解法，这是夏皮罗发表在《美国数学月刊》上的．

设函数 $f(x)$ 满足函数方程 $f(x+y) = f(x) + f(y)$，并且是局部可积的（即在每一个有限区间上是可积的），那么必有 $f(x) = cx$，其中 c 是一个常数．(AMM H. N. Shapiro, A micronote on a functional equation, Vol. 80(1773), No. 9:1 041)

证明　由 $f(x)$ 所满足的函数方程和局部可积性易于验证下面的恒等式
$$yf(x) = \int_0^{x+y} f(u)\mathrm{d}u - \int_0^x f(u)\mathrm{d}u - \int_0^y f(u)\mathrm{d}u$$

由于上式右边在交换 x, y 时不变，因此就得出 $yf(x) = xf(y)$．那样对 $x \neq 0$ 就得出 $\dfrac{f(x)}{x}$ 是一个常数．因而对 $x \neq 0, f(x) = cx$，其中 c 是一个常数．又由函数方程显然可以得出 $f(0) = 0$，所以对 x 的任意值

185

Cauchy 函数方程

都成立 $f(x) = cx$.

《美国数学月刊》曾多次刊登过有关柯西方程的解法和应用的文章. 如下面的编号为 E2537 号的征解问题:

求出所有在 $(0, +\infty)$ 上定义的使得 $f(x_1 y) - f(x_2 y)$ 不依赖于 y 的连续函数.

解 (1) x_1 和 x_2 是变量, f 是实值函数. 由于 $f(xy) - f(y)$ 是不依赖于 y 的, 因此我们有
$$f(xy) - f(y) = f(x) - f(1)$$
函数 $g(x) = f(e^x) - f(1)$ 满足柯西方程
$$g(x+y) = g(x) + g(y)$$
它有唯一的连续解 $g(x) = \alpha x$, 因此 $f(x) = \alpha \ln x + \beta$, 其中 α 和 β 是任意常数.

(2) x_1 和 x_2 是固定的不同的常数, f 是实值函数. 由于 f 的表达式是不依赖于 y 的, 我们有 $f(x_1 y) - f(x_2 y) = c$ 或者等价的
$$f(ax) = f(x) + c$$
其中 $a = \dfrac{x_1}{x_2} \neq 1$, 并且 c 是常数. 那么函数 $g(x) = f(e^x) - \dfrac{cx}{b}$ 满足 $g(x+b) = g(x)$, 其中 $b = \ln a$. 那么
$$f(x) = g(\ln x) + \dfrac{c}{b} \ln x$$
反过来, 容易验证每个具有形式
$$f(x) = g(\ln x) + \alpha \ln x$$
的函数具有所说的性质, 其中 α 是常数而 g 是连续的周期为 $b = \ln \dfrac{x_1}{x_2}$ 的周期函数.

在从《美国数学月刊》近 4 000 道问题中遴选出来

的400道最佳征解问题中也有涉及如下问题：

如果
$$\lim_{n\to\infty}\frac{x_1+x_2+\cdots+x_n}{n}=\alpha$$
就写作 $\{x_n\}\to\alpha$。一个函数，如果 $\{x_n\}\to\alpha$ 时即有 $f(x_n)\to f(\alpha)$，则说函数 $f(x)$ 是在 $x=\alpha$ Cesaro 连续的（C 连续）。证明，如果 $f(x)$ 的形式是 $Ax+B$，那么它在每一个 x 处是 C 连续的，且如果 $f(x)$ 即使在单独一个 $x=\alpha$ 是 C 连续的，那么 $f(x)$ 具有 $Ax+B$ 的形式。

证明 问题的第一部分是非常容易的。对于第二部分：假设 $f(x)$ 在单独的 α 值上 C 连续，由坐标轴的平移变换，我们可取 $\alpha=0$ 和 $f(\alpha)=0$。那么，如果 $a+b+c=0$，数列 $\{a,b,c,a,b,c,\cdots\}$ 是 Cesaro 收敛于 0，由 $f(x)$ 在零 C 连续，我们断定 $f(a)+f(b)+f(c)=0$ 或 $f(a)+f(b)=-f(-a-b)$。这样也有 $f(a)=-f(-a)$，从而对任意 x 和 y
$$f(x+y)=f(x)+f(y),f(nx)=nf(x)$$
如果一个数列 $\{x_n\}$ 是 Cesaro 收敛于 0，则 $\lim\sigma_n=0(n\sigma_n=x_1+\cdots+x_n)$。那么
$$\lim\frac{1}{n}\sum_{k=1}^n f(x_k)=\lim f(\sigma_n)=0$$
因此 $f(x)$ 在通常意义上说是在零连续，且根据 $f(x)$ 的可加性，在所有其他的点 $x,f(x)$ 也连续，我们知道只有连续函数 $f(x)=Ax$ 满足。

曾经流传过一本很奇特的书叫《苏格兰文集》，它是由巴拿赫所领导的里沃夫学派成员在苏格兰咖啡馆讨论时所记录的。这些大本子由巴拿赫夫人在二战爆发时埋在一个足球场内，战后将其整理出版，里面的许多问题至今还没有解决。

Cauchy 函数方程

下面笔者摘录一小段.

现在让我讲几个有关柯西方程, $f(x+y)=f(x)+f(y)$ 的问题. 假设对每个 h 而言, $f(x+h)-f(x)$ 都是 x 的连续函数, 我曾猜想 $f(x)=g(x)+h(x)$, 这里 g 是连续函数, h 是哈默尔函数. 我不知道如何证明, 所以退而求其次, 我猜出了谁能证明: 我写信给德布鲁因, 他证明了我的猜测, 文章发表在大约 28 年前的《数学新记录》(Nieuw Archief voor Wiskunde)——一份荷兰数学刊物上. 我还猜测: 如果对每个 h 而言 $f(x+h)-f(x)$ 是 x 的可测函数, 那么 $f(x)=g(x)+h(x)+r(x)$, 这里 g 是可测函数, h 是哈默尔函数, r 使得 $r(x+h)-r(x)$ 几乎处处为 0. 这个猜测最近已由一位年轻的匈牙利数学家拉克尔柯维茨证明了. 这方面没有解决的一个最妙的问题是肯佩尔曼提出的. 要是问题是我提的, 我就愿意提供 500 美元求解. 肯佩尔曼的问题是: 如果对每个 x 和每个 h 有 $2f(x) \leqslant f(x+h)+f(x+2h)$, 那么 f 是单调函数. 乍看起来, 这个问题似乎并不厉害, 就好像谁都可以证明或者找出反例似的, 可是迄今却没有一个人获得成功. 如果除了上述条件以外, 还假设 f 是可测函数, 那么很容易证明它一定是单调函数. 这是一个简单的练习, 而且我们可以定义出满足上述条件的一个函数, 在有理数集上不是单调的, 所以我们要考虑的不仅仅是一个可数集. 我了解的情况就是这些. 在这个问题上, 现在大家都还在原地踏步, 问题仍然没有解决. 我想, 这个问题竟然如此困难, 这是非常出人意料的.

本书的其中一个附录也是基于文前所提到的"工具性理解"相关, 那就是实数理论, 它是导出柯西方程

解的基础.

如果实数的理论对中学生来讲有难度,那么还是有可替代的方法.

设函数 $f(x)$ 在 **R** 上可导,由
$$f(x+y)=f(x)+f(y)$$
得
$$f(x)=2f\left(\frac{x}{2}\right)$$

依此下去
$$f(x)=2f\left(\frac{x}{2}\right)=2^2f\left(\frac{x}{2^2}\right)=\cdots=2^nf\left(\frac{x}{2^n}\right)(n\in\mathbf{N}_+)$$

易得 $f(0)=0$,当 $x\neq 0$ 时
$$\frac{f(x)}{x}=\frac{f\left(\frac{x}{2}\right)}{\frac{x}{2}}=\frac{f\left(\frac{x}{2^2}\right)}{\frac{x}{2^2}}=\cdots=\frac{f\left(\frac{x}{2^n}\right)}{\frac{x}{2^n}}(n\in\mathbf{N}_+)$$

而
$$\lim_{n\to\infty}\frac{x}{2^n}=0$$

所以
$$\lim_{n\to\infty}\frac{f\left(\frac{x}{2^n}\right)}{\frac{x}{2^n}}=f'(0)$$

设 $f'(0)=k(k$ 为常数$)$,上述等式取极限,从而
$$\lim_{n\to\infty}\frac{f(x)}{x}=\frac{f(x)}{x},\frac{f(x)}{x}=k,f(x)=kx$$

此时对 $x=0$ 也成立,且经检验,$f(x)=kx$ 满足已知条件,所以满足条件的函数是 $f(x)=kx$.

用此方法来解本书前面所提到的 2000 年上海交通大学自主招生试题也很容易.

Cauchy 函数方程

解：易知 $f(0)=0$. 令 $x=y\neq 0$，得
$$f(2x)=2f(x)+2x^3$$
$$\Rightarrow \frac{f(2x)}{2x}=\frac{f(x)}{x}+x^2$$
$$\Rightarrow \frac{f(x)}{x}=\frac{f\left(\frac{x}{2}\right)}{\frac{x}{2}}+\left(\frac{x}{2}\right)^2$$

$$\frac{f(x)}{x}=\left[\frac{f(x)}{x}-\frac{f\left(\frac{x}{2}\right)}{\frac{x}{2}}\right]+\left[\frac{f\left(\frac{x}{2}\right)}{\frac{x}{2}}-\frac{f\left(\frac{x}{2^2}\right)}{\frac{x}{2^2}}\right]+\cdots+$$
$$\left[\frac{f\left(\frac{x}{2^{n-1}}\right)}{\frac{x}{2^{n-1}}}-\frac{f\left(\frac{x}{2^n}\right)}{\frac{x}{2^n}}\right]+\frac{f\left(\frac{x}{2^n}\right)}{\frac{x}{2^n}}$$

$$=\left(\frac{x}{2}\right)^2+\left(\frac{x}{2^2}\right)^2+\cdots+\left(\frac{x}{2^n}\right)^2+\frac{f\left(\frac{x}{2^n}\right)}{\frac{x}{2^n}}$$

$$\lim_{n\to\infty}\frac{f(x)}{x}=\lim_{n\to\infty}\left[\left(\frac{x}{2}\right)^2+\left(\frac{x}{2^2}\right)^2+\cdots+\right.$$
$$\left.\left(\frac{x}{2^n}\right)^2+\frac{f\left(\frac{x}{2^n}\right)}{\frac{x}{2^n}}\right]$$
$$=\lim_{n\to\infty}\left[\left(\frac{x}{2}\right)^2+\left(\frac{x}{2^2}\right)^2+\cdots+\right.$$
$$\left.\left(\frac{x}{2^n}\right)^2\right]+\lim_{n\to\infty}\frac{f\left(\frac{x}{2^n}\right)}{\frac{x}{2^n}}$$

因为

$$\lim_{n\to\infty}\frac{f(x)}{x}=\frac{f(x)}{x}$$

$$\lim_{n\to\infty}\left[\left(\frac{x}{2}\right)^2+\left(\frac{x}{2^2}\right)^2+\cdots+\left(\frac{x}{2^n}\right)^2\right]=\frac{\frac{1}{4}}{1-\frac{1}{4}}x^2=\frac{1}{3}x^2$$

$$\lim_{n\to\infty}\frac{f\left(\frac{x}{2^n}\right)}{\frac{x}{2^n}}=f'(0)=1$$

所以

$$\frac{f(x)}{x}=\frac{1}{3}x^2+1$$

即

$$f(x)=\frac{1}{3}x^3+x$$

此函数对 $x=0$ 也成立,且经检验 $f(x)=\frac{1}{3}x^3+x$ 满足已知条件,所以函数 $f(x)$ 的解析式是

$$f(x)=\frac{1}{3}x^3+x$$

另一个与"工具性理解"相关的是"教学平台理论"。"平台"是借用计算机科学的名词,例如"Word"文字处理平台。对"Word 平台"拿来会用就是了。除少数专家外,一般人只知其然,不必详细了解它的"所以然"(编制过程)。事实上,许多数学内容已经作为平台在使用,例如希尔伯特严格的《几何基础》、戴德金的实数分割说、康托的实数序列说、公理化的实数系数等等。除非是这方面的专家,普通数学学习者不必都需要理解其所以然,只要懂得其意义和作用,能够站到这个

191

Cauchy 函数方程

平台上往前走就可以了.

中学数学里有一个突出的例子是数轴,数轴上的点和全体实数能够建立起一一对应,即实数恰好一对一地填满数轴.这是一个平台,只要"知其所以然",明了它的意义,会在架设直角坐标系时加以使用就可以了.至于它的所以然,要使用"可公度"和"不可公度"线段的理论,相当费时费事.这一理论在 20 世纪 50 年代还曾出现在中学数学教材里,后来就删除了.现在对数轴只做"工具性理解",将它当作平台加以使用.

如果将 Cauchy 函数方程限定在 $\mathbf{Z}_+$ 上,那么还会有其他的等价形式,如:求所有函数 $f:\mathbf{Z}_+ \to \mathbf{Z}_+$,使得对所有的正整数 m,n,有

$$f(m) \geqslant m, f(m+n) \mid (f(m)+f(n))$$

(第 67 届罗马尼亚国家队选拔考试(2016))

所求答案为 $f(n)=nf(1)$.

显然,$f(n) \leqslant nf(1)$.下面只需证明可加性

$$f(m+n)=f(m)+f(n)$$

记 $f(1)=l$,则 $1 \leqslant \dfrac{f(n)}{n} \leqslant l$.于是,存在最小的正整数 $k \leqslant l$,使得有无穷多个 n 满足 $\left[\dfrac{f(n)}{n}\right]=k$.

记

$$A=\left\{n \,\middle|\, \left[\dfrac{f(n)}{n}\right]=k\right\}$$
$$B\{n \mid n \in A, 2n \notin A\}$$
$$A'=A \backslash B$$

先证明 B 为有限集.从而,A' 为无限集.由

$$f(2n) \leqslant 2f(n)$$
$$\Rightarrow \left[\dfrac{f(2n)}{2n}\right] \leqslant \left[\dfrac{2f(n)}{2n}\right]=k$$

$$\Rightarrow \left[\frac{f(2n)}{2n}\right] < k$$

由 k 的最小性,知 B 为有限集.从而,A' 为无限集.

其次,对于 $n \in A'$,由

$$f(2n) \mid 2f(n)$$

$$\frac{2f(n)}{f(2n)} = \frac{\frac{f(n)}{n}}{\frac{f(2n)}{2n}} < \frac{k+1}{k} = 1 + \frac{1}{k}$$

则 $\frac{2f(n)}{f(2n)} < 2$,故 $f(2n) = 2f(n)$.

再固定正整数 a.

由 k 的最小性,知无限集 A' 中除了有限个外的无穷多个 n,有

$$f(a+n) \geqslant k(a+n)$$

于是

$$\frac{f(a)+f(n)}{f(a+n)} < \frac{f(a)+(k+1)n}{k(a+n)} \qquad ①$$

当 $n \to +\infty$ 时,式 ① $\to \frac{k+1}{k} < 2.$

从而,无限集 A' 中除了有限个外的无穷多个 n,使得

$$f(a+n) = f(a) + f(n)$$

最后,对于固定的正整数 a, b

$$f(a+n) = f(a) + f(n)$$
$$f(b+n) = f(b) + f(n)$$

由 $\frac{f(a+n)+f(b+n)}{f(a+b+2n)} \in \mathbf{Z}_+ \ (n \in A')$,知

$$\frac{f(a+n)+f(b+n)}{f(a+b+2n)}$$

Cauchy 函数方程

$$= \frac{f(a)+f(n)+f(b)+f(n)}{f(a+b)+f(2n)}$$

$$= \frac{f(a)+f(b)+f(2n)}{f(a+b)+f(2n)} \qquad ②$$

因为 $f(2n) \geqslant 2n$，所以，$f(2n)$ 可趋于无穷大．

而式 ② 总为整数，因此，必为 1，即

$$f(a+b) = f(a)+f(b)$$

柯西尽管用现代人的话说是一个政治素质很不过硬，人品极差的人．但他在数学上还是颇具眼光的．$f(x+y)=f(x)+f(y)$ 这个以他的名字命名的方程一经提出便倾倒众人．借用美国人有句话说得好：Why blend in when you were born to stand out？——天生奇质难自弃，安可泯然众人矣？

刘培杰
2017 年 5 月 1 日
于哈工大